シューズ A-Z

靴のデザイナー、ブランド、
メーカー、リテーラーまで
ファッションの変遷エンサイクロペディア

ジョナサン・ウォルフォード 著

武田 裕子 訳

CONTENTS

FOREWORD
ピーター・フォックス 6

INTRODUCTION
1950年以降に見る
靴のファッションの変遷 8

A-Z アルファベット順デザイナー、
ブランド、メーカーおよび
リテーラー 12

GLOSSARY
靴の用語 246

本扉　ヤン・ヤンセン
スエードとキッドレザーのサンダル、2009年。
ヤン・ヤンセンに関しては、p.123を参照。

口絵　カルデロンシューズ
サンライズアップリケのレザーパンプス、1980年代中頃。
カルデロンは1990年代にアルドによって買収。
アルドに関しては、p.16を参照

p.4　セルジオ・ロッシ
マルチカラーレザーのピープトウ・アンクルブーツ、
2010年春夏コレクション。
セルジオ・ロッシに関しては、p.208を参照。

p.5　イレギュラーチョイス
フローラルモチーフで飾った
"コーテザン(花魁)ピンク"のパンプス、2009年。
イレギュラーチョイスに関しては、p.118を参照。

デザイナー、ブランド、メーカーおよび
リテーラー掲載リスト

A 12
A・S・ベック・シューコーポレーション／アドリアーナ・カラス／アドリアン・ビダル／エアロソール／アラン・トンドウスキー／アルベルト・ザーゴ／アルド／アルド・ブルエ／アレクサンドラ・ニール／アマルフィ／アマランティ／アンドレア・カラーノ／アンドレア・モレッリ／アンドレア・フィステル／アンドレ・アスー／アンドレ・ペルージャ／アンドリュー・ゲラー／エンゾー・アンジョリーニ／アペパッツァ／アルシュ／アーチプリザーバー／アリカ・ネルギース／アルマンド・ポリーニ／アッティリオ・ジュスティ・レオンブルーニ／オードリー

B 28
バルディニーニ／ボールバンド／バルコ／バリー／バンドリーノ／バンフィ・ザンブレッリ／バス／バータ／パオロ・バタッキ／ベア・ノヴェッリ／ベアトリックス・オング／ベルジアンシューズ／ベルインターナショナル／ベルモンド／ベノワ・メレアール／ベルナルド／ベス・レヴィーン／ビバリー・フェルドマン／ビリービー／ビルケンシュトック／ブランドストーン／ボッカチーニ／ボニー・スミス／ボーン／ブラウアーブラザーズ／ブライアン・アトウッド／ブリティッシュ・シューコーポレーション／ブラウン・シューカンパニー／ブルーノ・ボルデーゼ／ブルーノ・フリゾーニ／ブルーノ・マリ／ブッテロ

C 48
カフェノワール／カミーラ・スコフガード／カンミーナ／カンペール／キャンディーズ／カパロス／カペジオ／カラス／カーライル・シューカンパニー／カルロス・モリーナ／カサデイ／カスタニエール／セルズ・エンタープライズ／チェザレ・パチョッティ／チャールズ・デヴィッド／シャルル・ジョルダン／チェルシーコブラー／チエ・ミハラ／チコシューズ／チャイニーズランドリー／クリスチャン・ルブタン／マーガレット・クラーク／クラークス／クローン／コールハーン／コレクティブ・ブランド／コンソリデイテッド・シューズ／コウロモーダ／クラドックテリー・シューコーポレーション／クロックス／サイドウォーク

D 68
ダニーブラック／ダニエル・トゥッチ／ダンポスト／ダンスコ／デヴィッド・ワイアット／デープ・シューカンパニー／デッカーズ／デルマン／デ・ロベルト／ダイアナ・フェラーリ／ディエゴ・デッラ・ヴァッレ／ディエゴ・ドルチーニ／ディ・サンドロ／ドクターマーチン／ドミニチ／ドナルド・J・プライナー／ドクターショール／ダン＆マッカーシー

E 75
アースシューズ／イーストランド／エコー／エコドラゴン／エダー／エディソン・ブラザーズ・ストア／エドムンド・カスティーリョ／エドワード・ラインベルガー／エドワード・アンド・ホームズ／エフバート・ファン・デア・ドゥース／エジェクト／エラータ／エリーザ・ディ・ヴェネツィア／エルヴァッケロ／エマ・ホープ／アンコール・シューコーポレーション／エナジェティックス／エンゼッラ／エティエンヌ・アイグナー／デヴィッド・エヴィンス

F 88

ジョー・ファモラーレ／ファリルロビン・フットウエア／フェラガモ／フィアンマ・フェラガモ／ベルナール・フィゲロア／フィンスク／フローシャイム／フォックス＆フルヴォグ／フランソワ・ヴィヨン／フランシー／フラテッリ・ロセッティ／フレッド・スラッテン／フレンチソール／フライ

G 96

ガボール／ガブリエーレ・シューファクトリー／ギャンバ／ガーデニア／ガロリーニ／ジェミニ／ジェネスコ／ジョージ・E・キース／ジョルジーナ・グッドマン／ジェラルディーナ・ディ・マッジョ／ジャンマルコ・ロレンツィ／ジャンナ・メリアーニ／ジーナ／ジョルジオ・モレット／ジサブ／ジュゼッペ・ザノッティ／ゴーロ／グラヴァティ／グレンデーネ／グレイメール／グッチ／グイド・パスカーリ／ギョーム・ヒンフレイ／ギ・ルートゥロウ

H 108

H&R・レイン／H・H・ブラウン／エルスタン／ハーバート・レヴィーン／ハーマン・デルマン／ヘスター・ファン・エーハン／エロー／ヒル・アンド・デール／ヘーゲル／ホームズ・オブ・ノリッジ／ハッシュパピー

I 116

I・ミラー／アイコン／イリアン・フォッサ／インターナショナル・シューカンパニー／イレギュラーチョイス／イザベラ・ゾッキ

J 120

J・ルネ／ジャック・ロジャース／ジャック・ケクリキアン／ジャック・レヴィーン／ヤン・ヤンセン／ジャン＝バティストゥ・ルートゥロウ／ジャンノー／ジェニー・オー／ジェリー・エドワール／ジミー・チュウ／ジョーン＆デヴィッド／ヨハンセン／ジョン・フルヴォグ／ジョニー・モーク／ジョンソン・スティーヴンズ・シンクル・シューカンパニー／ジョーンズ・アパレルグループ／ヨセフ・サイベル／ジョセフ・アザグリー／ジュリアネッリ／ジャスティン・ブーツカンパニー

K 135

カリステ／アン・カルソー／カリン・アラビアン／ケンネル＆シュメンガー／ケネス・コール／キッカローズ／キッカーズ／キニーシューズ／クリスティン・リー／クロン・バイ・クロンクロン／クマガイ

L 139

レディドック／ラマルカ／ラリオ／ローレンス・ディケイド／ラッゼリ／LD・タトル／レシーラ／レッレ／ライフストライド／リリー＆スキナー／リネア・マルケ／ロフラー・ランダル／ローレンツ・シューグループ／ロレンツォ・バンフィ／ロータス／リュック・ベルジェン／ルケーシー／ルチャーノ・パドヴァン／ルートヴィヒ・コップ／ルーディック・ライター／ルイッチーニ

M 148

クラウス・マーチン／マグデジャンズ／サンドロ・マリ／マグリット／マロレス・アンティニャック／マノロ・ブラニク／マラント／マリオ・マラオロ／マーガレット・ジェロルド／マリーノ・ファビアーニ／マールース・テン・ホーマー／マリー・クラウド／マスカロ／マサロ／モード・フリゾン／マウリツィオ・チェリン／マックス・キバルディン／マイジー／メリッサ／メルヴィル／メフィスト／メレル／ミッシェル・ペリー／ミッシェル・ヴィヴィアン／ミハラ・ヤスヒロ／ミンナ・パリッカ／ミネトンカモカシン／モードリッジ／モレスキー

N 167
ナチュラライザー／トレイシー・ニュールズ／ニュートン・エルキン／ニコラス・カークウッド／ニコール・ブランデージ／ニーナ／ナインウエスト／ヌスララ・シューカンパニー

O 175
オフィス／フローレンス・オトウェイ

P 175
パチョッティ／パコ・ヒル／パリジオ／ポルター・デ・リソ／パンカルディ／パパガロス／パトリック・コックス／ペドロ・ガルシア／ペガボ／ペナルジョ／ピーター・フォックス／ピーター・カイザー／フィリップ・モデル／ピエール・アルディ／ポンス・キンタナ／ポール・ラ・ヴィクトワール／プーピ・ダンジェーリ／プーラ・ロペス

Q 185
クオリクラフト／クイーンクオリティ

R 185
R・グリッグ／ルートゥロウ／レイン／レベッカ・サンベール／レッドクロス／レッド・オア・デッド／レネ・カオヴィラ／ルネ・マンシーニ／リーカー／ロベール・クレジュリー／ロベルト・ボッティチェッリ／ロックポート／ロドルフ・ムニュディエール／ロジェ・ヴィヴィエ／ロミカ／ルーツ／ローザシューズ／ロジーナ・フェラガモ・スキアヴォーネ／ロッシモーダ／ルドルフ・シェア／ルパート・サンダーソン／ラッセル＆ブロムリー／ルシー・デイヴィス

S 201
サシャ／サシャロンドン／サラマンダー／サルヴァトーレ・フェラガモ／サム＆リビー／サンドロ・ヴィカーリ／サラ・ナバーロ／サルキス・デル・バリアン／サヴェッジシューズ／スピカ／イヴリン・シュレス／シュワルツ＆ベンジャミン／セバゴ／セルビー・シューカンパニー／セムラー／セルジオ・ロッシ／シーモア・トロイ／シャイ／シドニー・ラリジ／シガーソン・モリソン／シルヴィア・フィオレンティーナ／シンプルシューズ／シオックス／スケッチャーズ／ソフト／スターレット／ステファン・ケリアン／スティーブ・マデン／ストライドライト／スチュアート・ワイツマン／スーザン・ベニス

T 216
タージ／タマノ・ナガシマ／タマラ・ヘリンケ／タニア・スピネッリ／タリン・ローズ／テクニカ／テンタツィオーネ／テオドーリ・ディフュージョン／テラ／テラプラナ／テリー・デ・ハヴィランド／セイヤー・マクニール／ティエリー・ラボタン／トム・マッキャン／ティンバーランド／トッズ／トキオ・クマガイ／トニー・サロン／トニー・ラマ／トニー・モラ／トップサイダー／トスカーナ・カルツァトゥーレ／トリッペン／ツイーディフィットウェア

U 230
アグ／ユニック／ウニサ／ユナイテッドヌード／ユナイテッドステイツ・シューコーポレーション

V 234
ヴァガボンド／マリオ・ヴァレンティーノ／ヴィアスピーガ／ヴィアウーノ／ビセンテ・レイ／ヴィットーリオ・リッチ／ヴォルタン

W 237
ウォークオーバー／ウォーク・ザット・ウォーク／ウォルター・スタイガー／ウォームバット／ウォーレン・エドワーズ／ウィキッドヘンプ／ヴィリー・ファン・ローイ／ウィットナー／ウォール／ウルフ・シューカンパニー／ウルヴァリン

Z 244
ザボット／ゾカル／ゾディアック

FOREWORD　ピーター・フォックス

　私の52年にわたる靴業界でのキャリアは、カナダのバンクーバーでシェパード氏という人が経営する靴屋ではじまった。歩合制を好まないシェパード氏の店で給料以外に得られる収入源といえば、ラグジュアリーの靴クリームを1瓶売るごとにメーカーから支給される10セントの奨励金だった。私はお客が来るたびにフィッティング用の足台で靴を磨いては、ラグジュアリーの品質の良さを実演して見せたものだった。やがてマネージャーが退き、後を任された私は靴磨き用の椅子を店に据えて、スエードと白のバックスキン以外の靴にはすべて磨き仕上げをしてから販売した。

　デザインをするうえで私が重要だと思ったのは、影響力の大きな顧客の声に耳を傾け、雑談をしながらアイデアを交わすことだ。こうして顧客がものづくりのプロセスに参加していくと、アイデアが形になったときにいちばんの広告塔となるのは誰だかおわかりだろう。こうした流行に敏感な顧客たちと情報交換をし合ううちに、私にはファッションに対する審美眼があると評判になっていった。

　1970年にバンクーバーの荒廃したエリアが再開発され、今ではガスタウンとして知られる活気あふれるショッピングストリートに生まれ変わったとき、ジョン・フルヴォグと私はフォックス&フルヴォグの1号店をオープンした。店の内装は1938年のレスリー・ハワードとウェンディ・ヒラーの映画『ピグマリオン』の書斎の場面をイメージし、古書とアンティーク家具でインテリアを飾った。黒レザーとクロムと白磁でできた昔ながらのバーバーチェアーは店内で際立つ存在感を放ち、靴磨き用チェアーとして見事に役割を果たした。このブティックはいつしかセレブリティ御用達の店となっていた。忘れもしないある日、ロバート・アルトマン、ウォーレン・ビーティ、ジュリー・クリスティの3人がロサンゼルスから靴を買いに飛んできたのだ。私はコイントスに負け、バーバーチェアーにもたれるジュリーのブーツはジョンが磨いた。私はというと、我こそが先にこの店を見つけたのだと言い争うロバートとウォーレンのブーツを、フィッティング用の足台で磨いていた。

　慣れ親しんだ地元バンクーバーの店を離れ、カナダやヨーロッパの靴工場との仕事になると、我々には自分たちのデザインの礎となる何かが必要だった。そこで私は、店の広告塔だった顧客たちを常に頭に思い描くようにした。斬新で独創的な靴に足を入れる高揚感を彼女たちとともに感じ、時代の新しいモード感を保つには次にどんなスタイルを求めるかを想像したのだ。こうすることで、今シーズンのアヴァンギャルドから次のシーズンへと自然にシフトすることができた。大切なのはよその店でも手に入るような靴を決して置かないことだ。そこでジョンと私は、ニューヨーク、ラスベガス、デュッセルドルフ、ミラノ、ボローニャ、ロンドンなど、主だった靴の見本市にはすべて参加し、まだ誰も手をつけていない新たなデザインの可能性を探った。

1960年代と1970年代は、若者たちの服装が物語るように、刺激に満ちたカーナビーストリートの自由奔放なスタイルの時代だ。自由の表現には新しいアイデアが必要不可欠だったが、そうした新たなデザインを編み出すことができれば誰もが成功を味わえた。ファッションデザイナーが過去を顧みて未来を予測できた1950年代後半までは考えられなかったことだ。我々が発注していた靴工場は、この無知な新参者のとっぴで無謀なアイデアを試さずにはいられず、三銃士に登場するダルタニアンスタイルのキャバリエブーツからマルチカラーのプラットフォームまで、ありとあらゆる奇抜な靴をつくってくれた。

　1980年にはジョンと私は別々の道に進むことを決意した。この年、当時まだあまり知られていなかったニューヨークのソーホー地区に、ピーター・フォックス・シューズ1号店がオープンした。共同デザイナーである妻のリンダは色彩と素材に対する秀でた感性の持ち主で、独特なスタイルを靴に織り込んでは女性たちを夢中にさせた。我々のデザインのインスピレーションとなったのは、1920年代と1930年代のファッション画で強調された、足の甲から土踏まずにかけてぴったりフィットしたシルエットだ。土踏まずのカーブを上って甲からつま先に下りていく流れるような女性の靴のシルエットは、至上の美の表現だと私は思う。

　イタリアのアドリア海岸に立地する靴工場のオーナー、ロドルフォ・オルシーニは、木型のフォルムに対する私の情熱に応え、ピーター・フォックスのラインをつくろうと言ってくれた。私は木型をつくる工房でひな型を手渡され、これまであれこれと言い続けてきたフォルムがどんなものかつくって見せてみろと言われた。目に浮かぶだろうか。イタリアの昔気質な職人たちがいかにも胡散臭そうに見つめるなか、カナダから来た自称アマチュアデザイナーが彼らのひな型を削り出し成形しなおす姿を。職人たちがシャンクと呼ばれる土踏まず部分を採寸すると、「non è possible」という言葉が聞こえた。幅が30mmしかないのは「un errore」に決まっていると言うのだ。私は断固として否定した。幅30mmのシャンクこそがピーター・フォックスのラインの真骨頂となるからだ。職人たちは私を「30mmの男」と呼んで嘲笑した。新しい木型でつくったピーター・フォックスの新作には歴史的なルイヒールをイメージした踵を配し、フィッティングをしたモデルはこの靴を絶賛した。やがてピーター・フォックス独自の木型とヒールのコレクションが展開され、我々の靴はそのフォルムゆえの履き心地の良さで知られるようになった。

　私はもう一線を退いたが、今日の靴のデザインにおいて、スタイルや履き心地を求めて斬新なアイデアが探求されていることを今なお称賛してやまない。美しい本書のページをめくるたび、ノスタルジーとともに心躍る感覚を覚える。これはひとえに、60年にわたる靴のファッションが発する力強さとインスピレーションを、ジョナサンがありのまま受けとめた所産である。

INTRODUCTION　1950年以降に見る靴のファッションの変遷

　1950年代の初め、婦人雑誌のスタイルガイドによると女性の身だしなみに必要な靴は平均で8足から9足だった。持つべき靴はといえば、黒、茶または紺色のパンプス、丈夫で歩きやすい革のオックスフォードかダービーシューズ、夏用の白い靴、シルバーかゴールドのイヴニングサンダル、カジュアルな日のローファー、スポーツウエア用のテニスシューズ、ベッドルーム用の室内履き、そして冬場や雨の日のためのオーバーシューズ。色や形のバリエーションは他にもあったが、それは特別な日のためのぜいたく品と考えられていた。2007年9月にアメリカの消費者団体、コンシューマーリポーツ・ナショナルリサーチセンターが行った調査によると、アメリカ人女性が所有する靴の数は平均で19足。ほぼ60年前に祖母の世代が持っていた数の2倍以上になる。

　1950年以降、時代の豊かさに伴ってより多くの女性たちは靴にもっとお金をかけるようになる。帽子、手袋、スカーフ、さらにはストッキングなど靴以外の小物を身につける機会が減ったことも後押しとなり、靴はスタイルを決める重要なファッションアイテムになった。しかし、様々なスタイルや新しい流行はときに過剰な選択肢をもたらし、ファッションの混乱と飽くなき消費主義へとつながる。ファッション評論家は靴の流行をつくり上げるおもな要因として、女性解放運動やフェミニズム運動、グローバリゼーション、広がる一方の若者文化などをあげるだろう。次シーズンの"マストルック"を模索するシューズデザイナーは、幾度となく靴のアーカイヴを調べなおしては、お気に入りのヴィンテージを新しい組み合わせで復活させてきた。その結果、過去60年の婦人靴のスタイルは、両極端なデザインの間を振り子のように行きつ戻りつしている。1950年から現在にいたるまで、トウの形はラウンド、ポインテッド、スクエアと移り変わり、ヒールは高く、低く、細く、太くと変化した。シルエットやカラーやディテールの変遷は、シーズンごとにランウェイモデルの足元やファッション雑誌に見ることができるが、もはやそれが靴の流行のすべてではない。オートクチュールがもはや服の流行のすべてではないのと同じである。多様性という新しい概念が靴のデザインに生まれ、ワークブーツ、スポーツシューズ、オーソペディック（整形外科的な見地からつくられた）シューズなどと呼ばれる靴やブーツ、サンダルがファッションアイテムとしてワードローブに取り入れられるようになっている。

　紳士用のスポーツシューズやカジュアルシューズも同様で、この60年余りの間によりファッション性を意識するものになったが、一方でビジネスの装いにはほとんど変化が見られない。ビジネススーツがそうであるように、正統派のオックスフォードシューズもまた1950年当時のスタイルをほぼ踏襲している。紳士用のドレスシューズは婦人靴のようにめまぐるしく変化することはなく、また変化する理由もないのだ。ジョン・ロブやボントーニといったブランドの熟練した職人によってつくられるビスポークの靴は、60年前と違わず今なお紳士のワードローブの中で格調高き逸品だ。

今日のハイファッションな靴は、実用性よりも芸術性に重きを置いているとの批評もあるだろう。しかし、機能よりもスタイルを優先するのがファッションの常である。

　デザインが目的を超越した瞬間にファッションは生まれる。ただし、すべてのデザインが継承されるわけではない。新しいトレンドは多くの人に愛用されてはじめてファッションのメインストリームとなっていく。

　1世紀前、大量生産の靴やブーツに求められたのは丈夫さと価格の手頃さだった。それが1910年代にスカート丈がくるぶしより上になると、靴のデザインが脚光を浴びるようになる。1920年代には優れたシューズデザイナーの多くはパリを拠点とし、小さな工房で、オートクチュールサロンに足しげく通う顧客のために優雅で華麗な靴をつくっていた。1920年から1950年までの間は、靴における発明の時代である。サンダル、ピープトウ、スリングバック、プラットフォーム、ウエッジヒール、アンクルストラップなど、毎シーズンのように新たなデザインが発表された。第二次世界大戦中の革の配給制さえも、ロープやキャンバス、ウッド、オイルクロス、セロハンなどの代用素材の使用が余儀なくされたことで創造性を触発することになった。

　当時のアメリカは靴の製造で世界第1位だったが、戦後の労働コストの上昇により、採算が取れるのは大量生産の靴だけとなった。一方イタリアでは、1945年に設立されたイタリア靴工業会のもとで靴産業の編成が進められた。規模の小さなイタリアの靴工場では、技術を伝承する職人が手仕上げと機械生産とを組み合わせて作業を進める。この方法はモード性の高い靴を少量生産するのに適していた。イタリアの靴メーカーは、原材料や機械の調達がしやすく熟練した職人のいる中北部のロンバルディア州からマルケ州と、フィレンツェやヴェネツィアなどの都市周辺に工場を構えた。イタリアの靴はその品質と高級感で定評があったが、とくに極細の"スティレット"ヒールは1950年代後半に一世を風靡し、その人気は10年間衰えることを知らなかった。

　1968年になると、靴の流行は幅広のトウと小ぶりなヒールという1950年代の少女たちのルックスをイメージした若者のスタイルへと移行する。この年、アメリカの製靴業は歯止めのきかない下降線をたどりはじめた。イタリアは、高級婦人靴の製造において確固とした地位を築きあげていたが、この頃"スペイン製"や"ブラジル製"の靴も台頭してくる。スペインの靴産業は、バレンシア州南部のアリカンテを中心としていた。人件費の安さからコスト面で優位に立つスペイン製の靴は、他国が製造する中価格帯の靴に対して競争力があった。1975年頃には、スペインの靴輸出メーカーは1800を越えるまでになっていた。一方、リオグランデ・ド・スール州を中心とするブラジルの靴産業が輸出を開始したのは1968年になってからだが、労働コストの上昇でスペインの競争力が低下した1970年代後半になると、ブラジルの輸出力が勢いを増していく。

トレイシー・ニュールズ
2010年春夏コレクションより。
トレイシー・ニュールズに関してはp.167を参照。

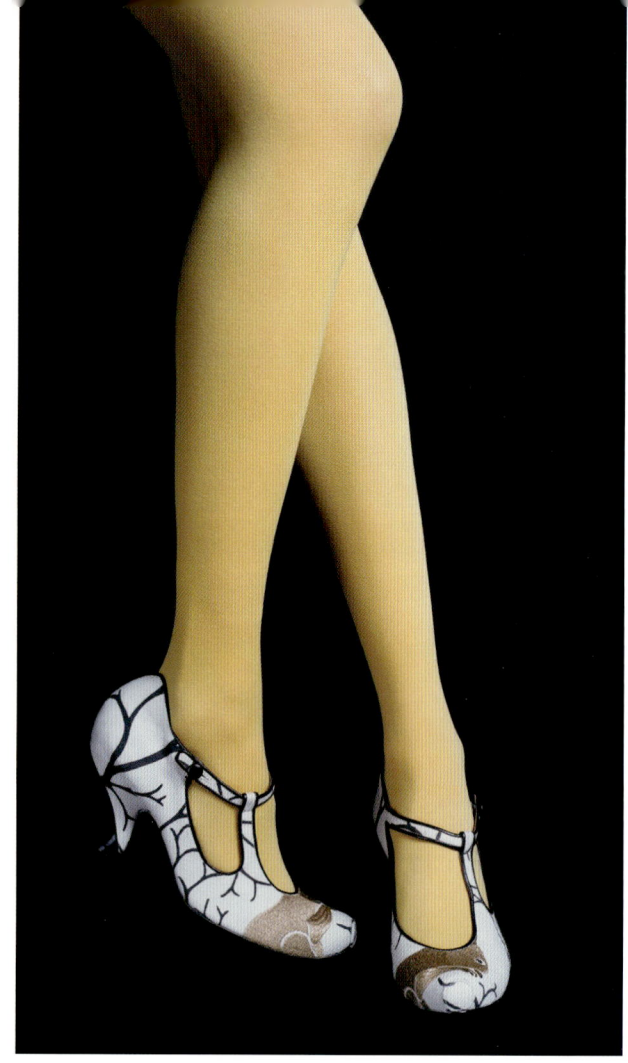

　1970年代は、靴産業にとっても靴のスタイルにおいても変革の10年だった。ブランド名の入ったスニーカーの売上は他のあらゆるタイプの靴を圧倒し、当時若者に人気を得ていたプラットフォームシューズや、予想外の成功を収めていたオーソペディックスタイル（つま先が踵より高くなっているネガティブヒールの靴や、足裏に合わせて中底がアーチ状に形成されたサンダルなど）の売上をも凌ぐものだった。スニーカー市場はアジア諸国での生産拡大をもたらした。アジアは労働コストが低く、原材料を調達しやすいという利点を備えていたからだ。しかし1980年代に韓国と台湾で労働コストが高騰したため、メーカーは製造拠点をインドネシアと中国、さらにはベトナムへと移転するようになる。現在、中国では4万の企業が靴の生産に携わっており、およそ15パーセントがファッションフットウエア市場での地盤を確立している。

　今日の市場はブランド主導型だ。モード・フリゾン、アンドレア・フィステル、ウォルター・スタイガー、ロベール・クレジュリー、マノロ・ブラニク、クリスチャン・ルブタンなどのデザイナーは、この30年間のファッションアイコンとなる魅力的な靴をつくり上げ、それが評判となってやがて自身の名を冠したブランドが誕生していった。1955年、クリスチャン・ディオールは靴のロゴに自分の名前とシューズデザイナーのロジェ・ヴィヴィエの名前を並べるというダブルネームの試みをはじめた。こうした先例はあるものの、メーカーやファッションデザイナーのもとで仕事をするシューズデザイナーの名前が表に出ることはほとんどない。ブランドの靴が、ロゴに記されたデザイナーのクリエイションであるという保証はどこにもないのだ。1957年、シャネルは黒いトウキャップをあしらったバックストラップパンプスを発表した。このデザインを手がけたことで靴職人のレイモン・マサロとルネ・マンシーニの功績は認められたが、シャネルのシグネチャースタイルと

なったこの靴に彼らの名が刻まれることは決してなかった。ファッションデザイナーは、既製服、香水、小物類、靴などトータルな商品ラインで利益を得るという事業展開をしており、可能な限りブランドイメージの統一感が損なわれないようにする。したがってブランドデザイナー以外の名が商品に記されることはほとんどなく、そのデザインがはたしてデザイナー本人のものか、フリーランスのデザイナーや社内のデザインアシスタントのものなのかを知る術はない。同じように、イタリア、ブラジル、中国などの靴工場はブランドやリテーラーの名前で靴を製造し、原産国表示に必要な法的書類以外には製造者が誰なのかを示すものはない。1990年代に欧米の有名ブランドが商品に"中国製"と表示しはじめたことから、こうした背景が明らかになった。

　1990年代には、ファッションジャーナリストたちはヴィンテージスタイルの復活と、伝統的な素材も既存の工法も用いない前衛的なデザインのどちらをも称賛するようになった。とくに2000年以降は、異なるデザインを融合させたクロスオーバースタイルが靴の常識を塗り替えていく。ビジューをあしらったラバーのビーチサンダル、スティレットヒールのスニーカー、バックストラップのオックスフォードシューズなどが定番のスタイルに新風を吹き込んだ。そしてフットウエア業界最新のトレンドとして、環境に優しくリサイクル可能な植物由来のオーガニック素材が取り入れられている。

靴の歴史に登場するすべてのデザイナーやメーカーについて語ることはとても不可能だ。現在、靴の製造に携わる企業は5万を超え、従業員数名の工房から大規模生産を行う工場にいたるまで、イタリアだけでも実に6400以上の企業がある。本書では、1950年以降の世界のウィメンズ・ファッションフットウエアに注目し、代表的なデザイナー、メーカー、リテーラーおよびブランドをご紹介する。

ノーマ・カマリ
スポーツシューズから着想を得た
ラバーとコットン靴紐のハイヒール。
ファッションブランド、ノーマ・カマリの
"中国製"商品、1980年代中頃。

A・S・ベック・シューコーポレーション
A・S・ベック靴店の広告、
1956年5月。

アドリアーナ・カラス
スティレットヒール・サンダルの
ファッションフォト、2010年春。

A.S. BECK SHOE CORPORATION
A・S・ベック・シューコーポレーション

　アレクサンダー・サミュエル・ベックの靴チェーン店は1909年にニューヨークのブルックリンで創業。1945年、投資家に売却された後に急成長し、1950年代中頃までにアメリカ中東部におよそ150店舗を持つチェーンとなる。しかし1960年代には規模が縮小しはじめ、1982年に最後の店を閉じた。

ADRIANA CARAS　アドリアーナ・カラス

　1990年代にロサンゼルスでバッグのデザイナーとしてスタートしたアドリアーナ・カラスは、2000年には商品展開を広げ、靴のラインを立ち上げた。既製靴とバッグはどちらもイタリアで製造されている。

ADRIAN VIDAL　アドリアン・ビダル

　1980年代後半にスペインのエルダで設立された靴メーカー。ファッション性の高いウィメンズの靴を製造し、イギリス、フランス、イタリア、ロシアおよびナイジェリアに輸出している。

AEROSOLES　エアロソール

　1987年に米国ニュージャージー州エジソンで設立された靴メーカー。コンセプトは、働く女性のための、リーズナブルで履き心地の良いハイファッションフットウエア。傘下のブランドに、エアロソール、ワッツワット（よりモード性の高いライン）、A2（定番の売れ筋を展開するライン）、エアロロジー、ソールA、フレクセーションがある。

エアロソール
赤いレザーとスエードのバックルストラップ付き"チェリオー"ヒールのパンプス、2009年。

アラン・トンドウスキー
上　レザーにパーフォレーションを施したブラックとグリーンのハイヒール、2000年代中頃。

左ページ　紺のサテン地にクロスデザインのハイヒール、2000年代中頃。

ALAIN TONDOWSKI　アラン・トンドウスキー

　1968年生まれ。アラン・トンドウスキーはパリのステュディオベルソーで学び、その後1989年に**ステファン・ケリアン**(p.212)のアシスタントデザイナーとなる。翌年から1994年までクリスチャン・ディオール(Christian Dior)で経験を積んだ。1997年にアラン・トンドウスキーのラインを発表し、2003年以降は自身のコレクションに専念している。

ALBERTO ZAGO　アルベルト・ザーゴ

　1965年にルイジ・ザーゴによって設立されたイタリアの靴メーカー。社名は、ルイジの息子で現在は同社の経営責任者を務めるアルベルトにちなんでつけられた。

ALDO　アルド

　フランス生まれのアルド・ベンサドゥンは、1972年にカナダでチェーン展開するファッションブティック内に靴の売り場を構え、リーズナブルでファッション性の高い靴のリテーラーとしてのキャリアをスタートした。アルドの1号店はモントリオールにオープンし、1993年までにはカナダ全土に95店舗を展開した。同年、アルドは米国での1号店をボストンに、1994年には北米以外では初の海外店舗をイスラエルに開設した。現在、アルドが北米、ヨーロッパ、オーストラリア、中東、極東地域で展開するリテールストアおよびフランチャイズストアは900店舗。かつてはシマール＆ヴォワイエ、ペガボ（直営店を展開）、トランジット、ストーンリッジなどのブランドを有していたが、現在はアルドに一本化している。

ALDO BRUÉ　アルド・ブルエ

　紳士靴メーカーとして1946年にマリアーノ・ブルエによってイタリアのマルケ州で設立された。現在は息子のアルド・ブルエが経営責任者兼デザイナーを務める。1968年には輸出生産を拡大するために工場が建てられ、1990年代にはウィメンズラインおよびカジュアルラインのアッティーヴァが加わった。

ALEXANDRA NEEL　アレクサンドラ・ニール

　バレリーナから転身したアレクサンドラ・ニールは、セリーヌ(Celine)、バレンシアガ(Balenciaga)、ニナ・リッチ(Nina Ricci)などの老舗ファッションメゾンで経験を重ね、その才能を靴のデザインでも発揮する。ランジェリーからインスピレーションを得たデザインは、官能的なラインやレース使い、コルセットを彷彿とさせる靴のディテールに表現されている。世界各国の高級店で展開される自身のコレクションの他、2009年には**シャル・ジョルダン**(p.58)の靴のデザインを手がけた。

アルド
左　アルドの広告、1995年秋。

下　アルドの広告、1993年春。

AMALFI　アマルフィ

　ニューヨークの輸入業者マークス&ニューマンは、1946年にフィレンツェのランゴーニ社が製造するイタリア製の靴を"アマルフィ"ブランドとして立ち上げた。1962年、**ユナイテッドステイツ・シューコーポレーション(USSC)**(p.232)がマークス&ニューマンを買収したが、1985年までは、ランゴーニ社製の靴に対してアマルフィというブランド名が使われていた。その後、USSCがイタリアからの輸入靴をすべてアマルフィとして販売したため、ブランド名の使用権をめぐってランゴーニ社との訴訟問題に発展した。

AMARANTI　アマランティ

　1973年にイタリアのチヴィタノーヴァ・マルケで設立された靴メーカー。流行に敏感な女性をターゲットとして、エドアルド・アマランティがデザインを手がけている。

アマルフィ
フェイクパールで飾った黒のベルベットとシルバーのキッドレザーのサンダル、1968年頃。

ANDREA CARRANO　アンドレア・カラーノ

　アンドレア・カラーノ(1926-97年)は1950年代にミラノを拠点とした靴メーカーを創業し、バレリーナと呼ばれるフラットシューズで有名になる。1990年代初めには、クリツィア(Krizia)、クリスチャン・ディオール(Christian Dior)、マイケル・コース(Michael Kors)、ノーマ・カマリ(Norma Kamali)の靴を創作し、最盛期を迎えた。その後1990年代の景気後退により勢いは衰え、アンドレアが亡くなるのと時期を同じくして事業は閉鎖となる。しかし、2008年12月に妻のベッタ・カラーノがブランドを復活させた。

ANDREA MORELLI　アンドレア・モレッリ

　ウィメンズのファッションフットウエア、アンドレア・モレッリのコレクションは2006年秋に誕生した。モレッリの靴の製造および流通販売は、1980年にイタリアのモンテウラーノで創業した靴メーカー、エリザベット社が行っている。

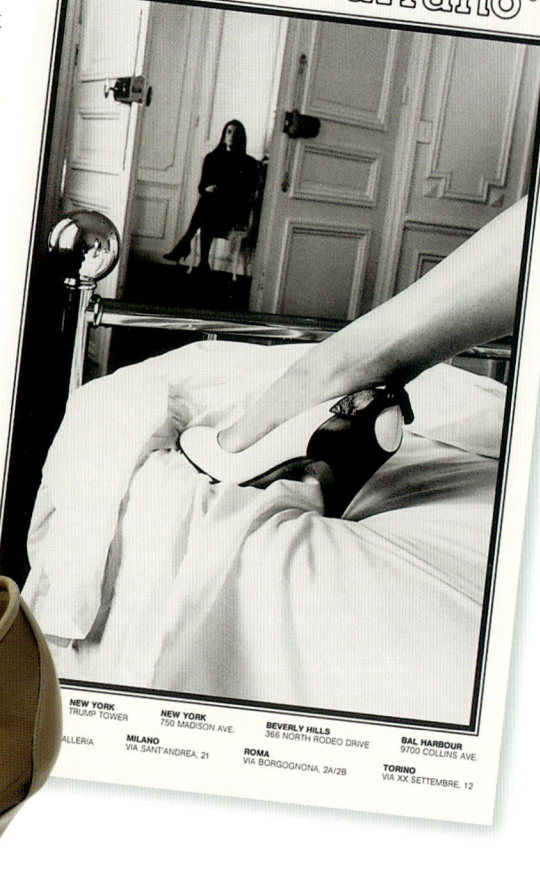

アンドレア・カラーノ

上　アンドレア・カラーノの広告、1986年春。

左　メッシュパンプス、1980年代末。

アンドレア・フィステル
レザーアップリケのパンプス、
1980年代初め。

ANDREA PFISTER　アンドレア・フィステル

　アンドレア・フィステルは1942年にイタリアのペーザロで生まれ、ミラノのアルス・ストリア国際靴学院で学んだ。1963年にはコメディと名づけたヘビ革パンプスのデザインで、"最優秀フットウエアデザイナー"に輝いた。翌年にはジャン・パトゥ(Jean Patou)やランバン(Lanvin)の靴のデザインを手がける。1965年、フィステルは自らの名を冠したブランドを立ち上げ、パートナーのピエール・デュプレとともにパリのカンボン通り4番地に初めてのブティックを開いた。その後、バッグやベルトなどに商品ラインを拡大し、1987年には2店舗目をミラノで展開する。翌年、フィステルは2度目の"最優秀フットウエアデザイナー"に輝き、さらに存命するデザイナーとしては初の"ファッション最高栄誉賞"をニューヨークで授与された。彼はイタリア南部のリゾート地、ポジターノのアトリエで得られる数々のインスピレーションをもとに、年2回のコレクションを創作する。色彩と装飾を操る名匠フィステルは、エンブロイダリー、スパンコール、エキゾチックレザーなどで華麗に彩られた作品で知られている。自身のブランドの他に、アン・クライン(Anne Klein)、ルイス・デロリオ(Louis dell-Olio)、**ブルーノ・マリ**(p.48)のデザインにも携わってきた。 フィステルの靴はライセンス生産されているが、その事業展開の大半は米国で行われている。

ANDRE ASSOUS　アンドレ・アスー

　1970年代初め、輸入業者のアンドレ・アスーとパートナーのジャック・コーエンは、民族的な履物だったエスパドリーユ（リネンやヘンプでできたアッパーをウエッジソールに縫いつけたスタイル）を初めてアメリカで展開した。このデザインは当時全盛だったヒッピールックに絶妙にマッチし、それ以降流行の波が繰り返されている。アスーは後に紳士靴、革靴、超軽量ソールの靴などに商品展開を広げ、2000年には"コレクション"と名づけたフェミニンで装飾的なハイエンドの靴とバッグを発表した。

ANDRÉ PERUGIA　アンドレ・ペルージャ

　アンドレ・ペルージャ（1893-1977年）はイタリアのトスカーナ州で生まれた。家族とともにニースに移住し、その地で父親から靴づくりを学ぶ。第一次世界大戦中は航空エンジニアとして働くが、ファッションデザイナーのポール・ポワレ（Paul Poiret）から顧客を紹介されるなどの支援を受け、戦後の1921年にフォーブル・サントノーレ11番地にサロンを開いた。1920年代半ばにニースにも店を広げ、1930年にはファッションデザイナー、エルザ・スキャパレッリとのコラボレーションをはじめる。ペルージャは1937年からそのキャリアを閉じるまでの間、パリのラペ通り2番地をアトリエとした。自身のブランドの他にイングランドの**H&R・レイン**（p.108）やアメリカの**I・ミラー**（p.116）にもデザインを提供し、登録された特許は1956年に発表した交換可能なヒールのデザインをはじめ多数におよぶ。長年にわたる豊かなキャリアを通じてペルージャがデザインのインスピレーション源としたのは、東洋のデザイン、モダンアート、工業デザイン、歴史などであった。彼がこの世を去ったとき、そのアーカイヴはペルージャが1962年から1966年までテクニカルアドバイザーを務めた**シャルル・ジョルダン**（p.58）に残された。

ANDREW GELLER　アンドリュー・ゲラー

　第一次世界大戦直後にアメリカの小売業者アンドリュー・ゲラーは、卸販売で展開する婦人靴ブランドを立ち上げた。ファミリービジネスではじめた会社は、事業の拡大とともに他のブランドも導入するようになる。中でももっとも有名なブランドに**ジュリアネッリ**（p.132）がある。アンドリュー・ゲラーは婦人靴デザインにおいて1950年代から1960年代に最盛期を迎えた。

アンドレ・アスー
アンドレ・アスーの広告、1993年秋。

アンドリュー・ゲラー

左 アンドリュー・ゲラーの広告、1975年夏。

下 アイボリーとブラウンのパンプス、1960年頃。

ANDREW GELLER

ANGIOLINI, ENZO　エンゾー・アンジョリーニ

　イタリア生まれのエンゾー・アンジョリーニ(1942-93年)は、1978年に**ユナイテッドステイツ・シューコーポレーション**(p.232)のマークス＆ニューマン部門によって"バンドリーノ"ブランドの専属デザイナーに抜擢される。生産拠点をイタリアからブラジルへ移転したことも奏功し、バンドリーノおよび新たに加わったエンゾーはどちらも成功を収めた。1980年代にはバンドリーノとエンゾーはともに小売店売上のトップブランドにランクされた。

APEPAZZA　アペパッツァ

　イタリアの都市パドヴァのメーカー、モーダルッジ社が製造するファッションシューズ。**コンソリデイテッド・シューズ社**(p.65)が米国に輸入し、アペパッツァのブランド名で販売している。

エンゾー・アンジョリーニ

上　エンゾー・アンジョリーニの広告、1997年秋。

左　エンゾー・アンジョリーニのブランド、バンドリーノのピンクのレザーパンプス、1980年代中頃。

アルマンド・ポリーニ
アルマンド・ポリーニの広告、
1986年春。

ARCHE　アルシュ

　ピエール・ロベール・エレンは第二次世界大戦中にフランスのトゥールでウッドソールの靴づくりのノウハウを習得した。その後ロワール地方に残り、1950年代には表面にシボのあるクレープラバーのソールを配したコンフォートシューズとモカシンの生産をはじめる。1968年に妻のアンドレとともにアルシュを設立。1980年代初めには米国およびドイツ市場に参入したが、1997年にピエールが亡くなるまでは緩やかな拡大路線を保っていた。現在アルシュの販売網は、米国、欧州、日本、そして非常に高い人気を得ている中国におよぶ。アルシュの靴はファッション性だけでなく、履き心地の良さ、企業としての社会的責任、環境への配慮を意識してつくられている。

ARCH PRESERVER　アーチプリザーバーに関しては、
SELBY SHOE COMPANY
セルビー・シューカンパニーを参照。

ARIKA NERGUIZ　アリカ・ネルギースに関しては、
MARANT マラントを参照。

ARMANDO POLLINI　アルマンド・ポリーニ

　アルマンド・ポリーニは1935年にイタリアで生まれ、父が経営する靴型メーカーで働いた（1960年開催のオリンピック陸上選手としての強化練習のため一時的に仕事を離れる）。1962年にフリーランスのデザイナーとして仕事をはじめ、様々な企業の靴デザインを担当する。ポリーニは1970年代初めのクロッグやプラットフォームブームの仕掛人の1人と称されている。1975年にはプラスチックの靴底と革のストラップを用いたクロッグを発表。このシリーズは**キャンディーズ**（p.50）というブランド名でアメリカに輸入され、1970年代後半に絶大なる人気を得た。1980年代初めにはポリーニがつくるバレエシューズが評判となる。さらに1980年代末にアッパー部分をエラスティック（伸縮性のある）素材でつくった"エラスド"と呼ばれる靴のシリーズを打ち出し、これが1990年代初めまでポリーニの売上の実に50パーセントを占めていた。

ATTILIO GIUSTI LEOMBRUNI　アッティリオ・ジュスティ・レオンブルーニ

　イタリアのモンテグラナーロで1958年にピエロ・ジュスティが創業した靴メーカー。現在は息子のアッティリオ・ジュスティが後を継いでいる。同社の靴は、手仕上げならではのクラフト感と機械生産によるクオリティの高さの双方を兼ね備えている。

アッティリオ・ジュスティ・レオンブルーニ
柔らかいラム革にハンドステッチをかけたレザーソールのモカシン、2010年。

アッティリオ・ジュスティ・レオンブルーニ
手仕上げのパテントとレザーソールの
サンダル、2010年。

ATTILIO GIUSTI LEOMBRUNI

オードリー
下　パープルとブラックの
オックスフォードシューズ、2009年秋。

右ページ　白とメタリックカラーの
レザーサンダル、2009年秋。

AUDLEY　オードリー

　1988年にティム・スラックとフィオナ・スラックによって設立されたブランド。スペインでつくられるオードリーの靴は、建築的な概念、とくにバウハウスの流れに影響を受けたもので、紛れもなくコンテンポラリーなデザインと言える。

BALDININI　バルディニーニ

1910年にイタリアのアドリア海に面するサンマウロ・パスコリで創業した靴メーカー。創業者の孫であるジミー・バルディニーニが1970年に事業を引き継いだ。1974年にハンドメイドのミュールの輸出を開始したことでバルディニーニの名は初めて世界的に注目され、そのブランドが確立された。

BALL BAND　ボールバンド

米国インディアナ州ミシャワーカの地名に由来するミシャワーカ・ラバー＆ウールン・マニュファクチャリング社は1833年に創業。フランネルの肌着からガロッシュと呼ばれるオーバーシューズまで様々な商品を開発した。同社は20世紀へと移る頃にボールバンドという靴の商標を登録し、その事業は最盛期を迎える。1934年にはラバーソールを敷いた綿のサマーシューズ、サマレットを発表し、その人気は1950年代まで衰えることを知らなかった。しかし、1950年以降は生産が縮小しはじめる。1960年代にボールバンドはユニロイヤル社の傘下となり、今日ではそのブランド名が残るのみとなった。

BALLCO　バルコ

靴メーカーのカルサドス・バリェステールは1966年にスペインのマヨルカ島、インカで創業した。リーズナブルな価格を求めるターゲット層に向け、"バルコ"ブランドで展開されるメンズ＆ウィメンズのファッションフットウエアは、スペインだけでなく世界各地で販売されている。

バルディニーニ
バルディニーニの広告、1984年秋。

ボールバンド
ボールバンドの広告、1959年秋。

BALLY　バリー

　カール・フランツ・バリーは1850年代にスイスで靴づくりをはじめ、1870年代までには主に輸出用の靴を生産するようになる。1892年にカール・バリーが一線を退いた後、息子たちが事業を引き継ぎ、ハイエンド市場で競争力のある商品を開発しはじめた。バリーは耐久性に優れるグッドイヤーウェルト製法を用いた靴の製造を開始するとともに、靴市場へのアクセスを考慮し、ロンドン・シューカンパニーを設立して拠点を構えた。1907年には株式を公開し、その後1960年代にいたるまで成長および拡大路線を続けた。

　1950年代には、スクライブ(Scribe)というレーベルで手仕上げの紳士ドレスシューズのラインを立ち上げる。しかし1960年代末には熾烈な競争によって輸出力が停滞したため、バリーは資本の分散化と商品の多様化に乗り出した。1976年までにバリーの商品展開は既製服コレクション、バッグ、革小物のラインを含めるまでに拡大した。同社は1977年に創業家の所有を離れ、その後1980年代に急速に発展する。しかし1990年代にはバリーの売上は低迷しはじめ、ラグジュアリーフットウエア市場での大きなシェアは競合ブランドによって占められた。1999年、米国の投資会社テキサス・パシフィックグループが資本参加。その後、デザイナーの**ブライアン・アトウッド**（p.45）が2007年から2010年までクリエイティブディレクターを務め、高級靴の老舗ブランド、バリーの復活を成功させた立役者として称賛を浴びた。

バリー
赤いレザー製ポインテッドトウの
ローヒール・スリングバック、
1960年代中頃。

BANDOLINO バンドリーノに関しては、
ANGIOLINI, ENZO エンゾー・アンジョリーニを参照。

BANFI ZAMBRELLI　バンフィ・ザンブレッリ

　シルヴァノ・バンフィはミラノの靴づくりを営む家庭に生まれた。1994年に渡米し、カルバン・クライン(Calvin Klein)、バナナ・リパブリック(Banana Republic)、コーチ(Coach)などで靴のデザインに携わる。コーチでは、ニューヨーク州立ファッション工科大学卒業生のフランク・ザンブレッリに出会い、共同でコーチの靴部門を立ち上げた。2人はその直後にアメリカ発のデザインをイタリアで生産するブランド、バンフィ・ザンブレッリを設立。その後も、ジュディス・リーバー(Judith Leiber)、カルバン・クライン(Calvin Klein)、ナネット・レポー(Nanette Lepore)など、他ブランドにもデザインを提供している。

BASS　バス

　1876年に皮なめし工のジョージ・ヘンリー・バスは、米国メイン州でオイルレザー（訳注：油脂加工したなめし革）のハンティングブーツやキャンプモカシンを生産する会社を設立した。1936年にノルウェーの靴を原型としてそのステッチ技法を用いたローファーを開発し、それが"ウィージュンズ"ブランドとなる。1960年、ノースカロライナ大学チャペルヒル校の学生新聞『デイリータールヒール』に、"バスのウィージュンズとは？お洒落な学生の足元を飾るアイテム"という見出しの記事が掲載され、ウィージュンズはアイビーリーグの学生のあいだで瞬く間に人気商品となった。バスは1987年に紳士シャツメーカー、フィリップス・ヴァンヒューゼン(Phillips-Van Heusen)の傘下となる。

BATA　バータ

　バータ・シューカンパニーは、1894年にトーマス・バータによって現チェコ共和国のズリーンで創業。アメリカの工場ライン方式による機械生産を採用し、1920年代末頃にはヨーロッパ最大の靴メーカーとなる。アメリカへの参入も試みたが、第二次世界大戦の勃発により、すでに飽和状態の市場への拡大を断念した。戦後、創業者の息子の(同じく)トーマスが本社をロンドンに移し、1964年には事業拠点をカナダに移転した。1950年代から1970年代にかけて、バータは自社ブランドの靴の製造および小売業で68カ国に進出する。バータが目指したのはトレンドの最前線に立つことで

バータ
アイボリーのレザー製ラウンドトウの
フラットシューズ、1950年代中頃。

はなく、手頃な価格で毎日履ける靴を提供することだった。1980年代から1990年代にはディスカウント店や安価な輸入品の台頭で厳しい競争に直面した結果、規模の縮小を強いられ、2005年にはカナダの店を閉じて本社をスイスのローザンヌに移転した。バータは一貫して創業者一族による経営を続け、現在5000を超える小売店を展開している。自社ブランドの他、ウィメンズ・ファッションフットウエアのマリ・クレール（Marie Claire）、スポーツシューズのパワー（Power）、子供靴のバブルガマーズ（Bubblegummers）とも提携している。アスリートワールド（Athlete's World）とウォーキング・オン・ア・クラウド（Walking on a Cloud）はどちらもバータの系列店である。

パオロ・バタッキ
パオロ・バタッキの広告、
1997年秋。

BATACCHI, PAOLO　パオロ・バタッキ

　パオロ・バタッキはミラノのアルス・ストリア国際靴学院を卒業後、フィレンツェのファクトリーブランド用に靴のデザインをはじめた。1970年には25才にして**ジェネスコ**（p.98）のフィレンツェ支社ディレクターとなり、1979年までマーケティング、生産およびデザインを統括する。その後バタッキは**アンドリュー・ゲラー**（p.20）と提携し、1980年から1985年までジェフリー・ビーン（Geoffrey Beene）のビーンバッグ・コレクションのデザインを担当した。1985年にはアメリカで靴の製造卸販売を行うインターシューズ社に起用され、ヴィアスピーガ（Via Spiga）を立ち上げる。ミラノの有名なファッションストリートにちなんで名づけられたこのブランドは、1980年代後半から1990年代前半にかけてファッションシューズ業界で話題の的となった。1988年にディフュージョンラインのステュディオパオロ、1991年にはハイエンドラインのVスピーガクチュールを発表。ヴィアスピーガは2005年に**ブラウン・シューカンパニー**（p.45）に買収され、2009年1月にパオラ・ヴェントゥーリが同ブランドのチーフデザイナーに就任した。

ベア・ノヴェッリ
ベア・ノヴェッリの広告、2008年夏。

BEA NOVELLI　ベア・ノヴェッリ

　スイスの靴デザイナー、ベア・ノヴェッリのオーダーメイド靴づくりの第一歩は、1990年代初めの景気後退を受けた厳しいものだった。だが、ニューヨークの高級百貨店、サックス・フィフスアヴェニューとバーグドルフ・グッドマンが、彼女のデザインしたブロケード模様のミュールを店頭展開したことから状況は好転する。これを機にアメリカでは1950年代のスプリング・オ・レーター（**ハーバート・レヴィーン**〈p.110〉を参照）以来となるミュールブームが再燃した。ノヴェッリは1997年にミラノ近郊の靴メーカーと提携し、アッパー素材にマイクロファイバーを用いた靴づくりに取り組んだ。

左ページ
ベアトリックス・オング
ベアトリックス・オングの広告、
2008年春夏。

右
ベルジアンシューズ
ベルジアンシューズの広告、
1958年春。

BEATRIX ONG　ベアトリックス・オング

　ベアトリックス・オングは1976年にロンドンで生まれ、コードウェイナーズ・カレッジでファッションと靴のデザインを学ぶ。1998年に**ジミー・チュウ**(p.127)のクリエイティブディレクターに就任。その後2002年には自身のブランドを立ち上げ、2008年に紳士靴のラインを発表した。

BELGIAN SHOES　ベルジアンシューズ

　ヘンリー・ベンデルは叔父が創設したニューヨークのファッション専門店(自身と同じ名のヘンリー・ベンデル)を売却し、2年後の1956年に第1号店となる靴店をマンハッタンに開いた。店で展開したハンドメイドのカジュアルなモカシンはベルギー製で、そこからベルジアンシューズという店名がつけられた。ヘンリー・ベンデルは1997年に89才でこの世を去るが、会社の運営は現在も引き継がれている。

BELLE INTERNATIONAL　ベルインターナショナル

　中国最大規模の靴の小売販売会社ベルインターナショナルは、靴の製造卸売業者として1991年に創業。ベルはナイキ(Nike)、アディダス(Adidas)、**バータ**(p.30)を取り扱う中国最大の販売会社であり、さらに自社ブランドのベル、スタッカート、ジョイ&ピースなどの靴の製造も行っている。全事業のうち、ファッションフットウエア部門が3分の2を占める。

BELMONDO　ベルモンド

　ドイツのハンブルグで1989年に設立されたブランド、ベルモンドは幅広くメンズとウィメンズのファッション＆カジュアルシューズを展開する。近年、その個性的な広告キャンペーンで話題を呼んでいる。

BENOÎT MÉLÉARD　ベノワ・メレアール

　ベノワ・メレアール（1971年生まれ）は本来、靴デザイナーというよりアーティストと呼ぶにふさわしく、伝統的な概念をくつがえすスタイルの靴を創作してきた。1990年代半ばにファッションデザイナーのジェレミー・スコットのショーで足袋のようにつま先が割れたブーツを発表し、メレアールのデザインの才能が話題となる。その後1998年に自らの靴ブランドを創設した。

ベルモンド
左上　ベルモンドの広告、2006年。

上　ベルモンドの広告、2009年。

ベルナルド
プラスチックのビジューでトリミングしたトングサンダル、1960年代中頃。

BERNARDO　ベルナルド

　オーストリア生まれのベルナルド・ルドフスキーの肩書きは、建築家、作家、教授、社会歴史学者、そしてデザイナーと多様である。ベルナルドが現代ファッションについて教鞭をとるかたわら、妻のベルタはサンダル製作のコースで指導にあたった。ベルナルド夫妻は、当時『ハーパース・バザー』のファッションエディターだったダイアナ・ヴリーランドの勧めで、1944年からデザイナー、クレア・マッカーデルのファッション撮影用にサンダルを創作する。2人の作品は、古代ギリシャやローマの履物から発想を得たシンプルなスタイルを特徴とした。ルドフスキーは1947年にベルナルドを設立。マイアミと呼ばれるオリジナルのスタイルが定番となり、以来トングサンダルはビーチウエアとして捉えられるようになった。ベルナルドは米国の会社では他に先駆けてイタリアの靴職人を採用した。同社の成功は現在も続き、ハンドクラフトの靴づくりもまた今なお変わらぬままである。

BETH LEVINE ベス・レヴィーンに関しては、
HERBERT LEVINE ハーバート・レヴィーンを参照。

BEVERLY FELDMAN ビバリー・フェルドマン

　ビバリー・フェルドマンは1970年代にニューヨークのプラット・インスティテュートで靴のイラストレーションとデザインを学び、卒業後は遊び心あふれるオーナメントを施した華麗な靴のデザインをはじめた。女性の靴デザイナーとしては数少ない成功者の1人であり、また商品に単に自分の名前をのせるのではなく、フェルドマン自らが実際にデザインを手がけている。自身の名を冠した靴とバッグを展開する会社はスペインのアリカンテを拠点とし、その商品は50カ国近い国々で販売されている。

ビバリー・フェルドマン
下　フルーツをモチーフにしたパンプス、1980年代初め。

右ページ　メタリックなキッドレザーとブラックスエードのパンプス、1990年代初め。

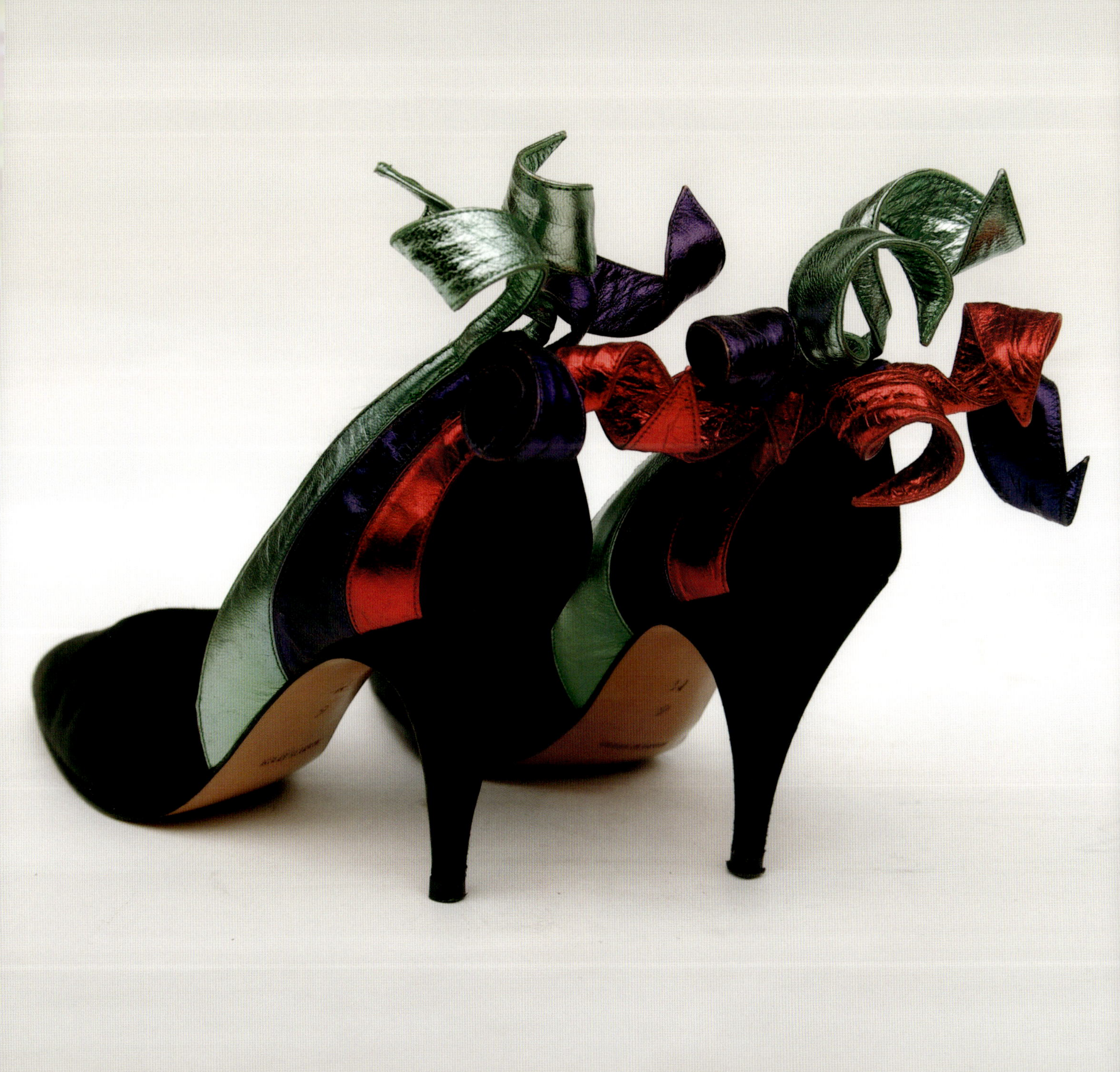

BILLI BI ビリービーに関しては、**FRANSI** フランシーを参照。

BIRKENSTOCK　ビルケンシュトック

　ドイツのビルケンシュトック家は1774年以来靴づくりに携わってきた歴史を持つ。1964年にカール・ビルケンシュトックが、足裏の形に合わせたコルクのフットベッドを用いて柔軟に足をサポートするサンダルを完成させる。その後、1967年にマーゴット・フレイザーがビルケンシュトック商品をアメリカに輸入し、健康用品店での販売を開始。5年後には輸入商社のフットプリント・サンダルズを設立した。一方1968年には、ジョセフ・カナーとヘルガ・カナーがカナダでの販売権を獲得し、モントリオールを拠点とするセラム・インターナショナルを通してサンダルの販売を開始。ストラップのアレンジなどでデザインバリエーションが加えられ、1973年には有名な2ストラップのモデル、アリゾナが発表された。アリゾナはその後30年にわたって北米最大の定番人気モデルとなる。1977年にはボストンクロッグと呼ばれるクローズドトウのミュール、1985年には完全なシューズタイプのモデルがフットプリンツというブランド名で発売された。1980年代に売上が一時低迷するものの、1990年代には再び熱心な顧客層を獲得していく。現在までにビルケンシュトックは、タタミ（Tatami、1990年）、パピリオ（Papillio、1991年）、ビルキー（Birki、1993年）、ベチュラ（Betula、1994年）など様々なブランド名でフットウエアを生産してきた。1997年、サンフランシスコに旗艦店を開設。2000年にグレイトフルデッドのギタリスト、ジェリー・ガルシアとのライセンス契約によりイラスト入りサンダルを展開し、さらに2005年にはファッションモデルのハイディ・クルムとのコラボレーションを発表した。

BLUNDSTONE　ブランドストーン

　1870年代に英国のフットウエアをタスマニアに輸入する貿易商として創業したJ・ブランドストーン＆カンパニーは、1890年代までにタスマニアの町ホバートでサイドゴアのワークブーツを製造するようになる。ブランドストーンの商品は本来ワークブーツとしてデザインされたものだったが、1980年代末から1990年代にはストリートファッションとして人気を得る。2005年以降、製造コストの上昇により生産拠点をインドとタイに移転した。

ビルケンシュトック
ラテックス混合コルクのフットベッド、調節可能なストラップと豊富なカラーバリエーションで展開される"ギゼ(Gizeh)"モデル、2009年。

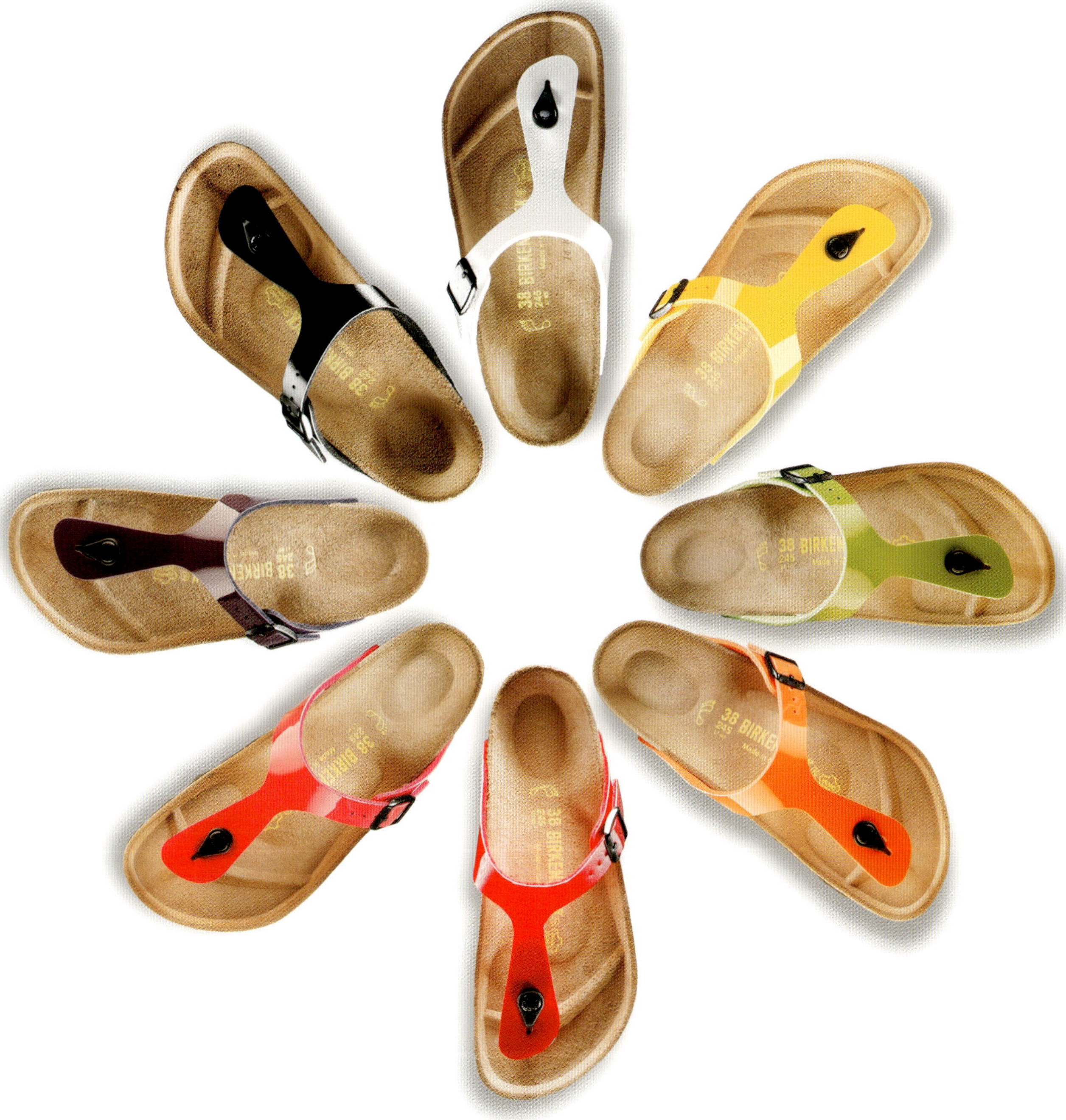

BOCCACCINI　ボッカチーニ

　1959年にイタリアのマルケ地方で創業した靴メーカー。**パトリック・コックス**（p.180）、アレキサンダー・マックイーン（Alexander McQueen）、エヴァ・マン（Eva Mann）、マックスマーラ（Max Mara）などとのライセンス事業によって成長する。1987年にアルフレッド・ボッカチーニがロートルショーズ（"別のこと"の意）ブランドを立ち上げると、まもなくニューヨークのファッション専門店バーニーズから発注を受ける。1998年にミケーラ・カサデイをロートルショーズのデザイナーに迎え、翌年にはオランダ人デザイナーのフレディ・スティーヴンスが新たに紳士靴のブランド、レッド（後にアルフレッドに改名）を創設した。

BONNIE SMITH　ボニー・スミス

　靴デザインの歴史において、ボニー・スミスの名はあまり知られてはいない。それは靴のロゴにその名が記されることがなかったからだ。スミスはデザインを専攻し、1962年に卒業。3年後にニューヨークの靴デザイナー、**イヴリン・シュレス**（p.206）のアシスタントデザイナーとなり、その後は**マーガレット・ジェロルド**（p.154）、キメル（Kimel）、チェロキー（Cherokee）、**ガロリーニ**（p.97）など数々のブランドの靴デザインを担当した。1989年には香港のメーカーと提携し、低価格で大量生産の靴のデザインをはじめるが、3年後には一線を退いた。

BØRN　ボーン

　1990年代末にトーマス・マクラスキーによって創業。ヨーロッパの伝統的なオパンケ製法（訳注：靴底部分を吊り上げて縫い合わせる製法）を用いた手縫いの靴を生産している。ソールが足裏を包み込むように持ち上がる構造のため、縫い目の防水用に接着剤を使う必要がなく、さらに使用する詰め物が少ないことからボーンの靴は環境に優しいとされている。また、なめし加工が環境におよぼす影響を考え、植物由来のタンニンなどを用いた"責任ある"加工処理を施し、オーガニックでリサイクル可能な靴を生産している。

ボーン
脚にフィットするブラックレザーのロングブーツ、2008年。

BRAUER BROTHERS　ブラウアーブラザーズ

　ブラウアーブラザーズは1920年代末に米国ミズーリ州セントルイスで創業。パラダイスキトゥンズなどのブランドで1940年代から1960年代にその名が知られるようになった。しかし1970年代になると、スペインとブラジルの安価な輸入品に押されて失速する。後にブラウアーブラザーズ・マニファクチャリングとして再建されたが現在は事業の幕を閉じている。

ブラウアーブラザーズ
上　ブラウアーブラザーズのブランド、パラダイスの広告、1950年秋。

右上　ブラウアーブラザーズのブランド、パラダイスキトゥンズの広告、1965年春。

ブライアン・アトウッド

左　パープルのサテン地で仕立てたプラットフォームサンダル"リダ"、2000年代末。

上　グレーのスエードで仕立てたアンクルブーツ、2000年代末。

ブラウン・シューカンパニー
ブラウン・シューカンパニーのブランド、エアステップの広告、1953年秋冬。

BRIAN ATWOOD　ブライアン・アトウッド

　ブライアン・アトウッドは1967年にシカゴで生まれた。1991年にニューヨーク州立ファッション工科大学を卒業し、モデルとなる。1996年にヴェルサーチ(Versace)のディフュージョンライン、ヴェルサス(Versus)の仕事をはじめ、2001年に自らの靴ブランドを設立した。2007年から2010年は**バリー**(p.29)のクリエイティブディレクターを務める。

BRITISH SHOE CORPORATION　ブリティッシュ・シューコーポレーション

に関しては、LILLEY & SKINNER リリー&スキナーを参照。

BROWN SHOE COMPANY　ブラウン・シューカンパニー

　ブラウン・シューカンパニーは靴の小売および卸売販売会社であり、ライセンサーでもある。米国で900店舗を持ち、その多くをフェイマスフットウエア(Famous Footwear)としてチェーン展開する他、ナチュラライザー(Naturalizer)ブランドなど400店舗、さらに150を超えるブランドを取り扱うシューズドットコム(Shoes.com)を運営する。同社の歴史は1878年に遡り、ジョージ・ブラウンがミズーリ州セントルイスで靴を安く生産する可能性を見いだしたことから創業にいたった。会社は急成長して1893年までには投資企業を買収し、社名をブラウン・シューカンパニーとした。20世紀初めにはリチャード・アウトコールトの漫画キャラクター、バスターブラウンを商品広告に採用して一世を風靡した。1927年にナチュラライザー、1931年にコニー(Connie)、1940年にライフストライド(LifeStride)と次々に生み出したブランドが成功を収める。また、セントルイスのウォールシューズを1950年に買収して小売ビジネスに参入した。1950年代には、リーガルシューズ(1953年)、大手のG・R・キニー(1956年だが独占禁止法違反のため1962年に売却)など数々の小売チェーンを傘下に収めた。さらに1959年にカナダの製造卸販売会社のパース、1965年にサミュエル・シューカンパニー、1970年に輸入商社のイタリア・ブーツウエアがブラウンの傘下に加わる。しかし1968年

以降のアメリカ靴産業の縮小を受け、今度はアパレル、スポーツ用品、玩具関連の会社を吸収する。1972年にブラウングループとなったが、製造業から輸入業への事業形態の移行に伴って1984年に社名をブラウングループ・インターナショナルに変更。1988年までに所有ブランドをコニー、ナチュラライザー、バスターブラウンといった収益性の高いラインに絞った。アメリカ市場の変化に直面する中でブラウンは事業の再編を行い、1991年に国内の靴工場を閉鎖、1993年にウォールシューズのチェーン店、1995年には靴以外のビジネスを手放した。ブラウンはこうした事業集約を進めつつ、1991年にドクターショール（Dr. Sholl's）、1995年に高級婦人靴ブランドのラリー・スチュワート（Larry Stuart）を買収して靴ブランドの再構築に乗り出した。1996年にはアディダス（Adidas）、さらには子供靴用にバービーやバットマンなどアニメキャラクターのライセンス契約を結んだ。1999年、より若いターゲット層に向けてナチュラライザーをスタイリッシュにリニューアルし、同年、社名を元のブラウン・シューカンパニーに戻した。2002年にはカルロス・バイ・カルロス・サンタナ（Carlos by Carlos Santana）を立ち上げ、2005年にフランコサルト（Franco Sarto）やヴィアスピーガ（Via Spiga）を展開するベネット・フットウエアグループを買収した。2008年にはリーバ・マッキンタイア、ファーギー、グレタ・モナハンなどの有名人とのコラボレーションブランドを発表。その他のブランドにはニッケルズ（Nickels）、エティエンヌ・アイグナー（Etienne Aigner）などがある。

BRUNO BORDESE　ブルーノ・ボルデーゼ

　ブルーノ・ボルデーゼはミラノを拠点として活動するイタリア人の靴デザイナー。1980年代にファッションデザイナーのヴィヴィアン・ウエストウッド（Vivienne Westwood）やヨウジ・ヤマモトのもとで経験を積む。1995年に独立し、自身のブランドであるブルーノ・ボルデーゼとクローンを立ち上げた。ボルデーゼは若者のトレンドやヴィンテージスタイルを靴のコレクションに落とし込み、1970年代から80年代のデザインの影響を色濃く受けながらも、遊び心を織り交ぜたクリエイションで独自の世界観をつくり出している。

BRUNO FRISONI　ブルーノ・フリゾーニ

　ブルーノ・フリゾーニはイタリア人の両親のもと1960年にフランスで生まれ、ファッションデザイナーのジャン＝ルイ・シェレル（Jean-Louis Scherrer）やクリスチャン・ラクロワ（Christian Lacroix）のもとで経験を積む。1999年のコレクション発表以来そのフェミニンなスタイリングが評判となり、フリゾーニは2004年に**ロジェ・ヴィヴィエ**（p.192）のアートディレクターとして起用された。

ブラウン・シューカンパニー
ブラウン・シューカンパニーのブランド、
マルキーズの広告、1968年春。

ブルーノ・マリ
メタリックレザーのパンプス、
1980年代中頃。

ブッテロ
カーフレザーの乗馬ブーツ、
1980年頃のデザイン。

BRUNO MAGLI　ブルーノ・マリ

　ブルーノ・マリは1936年にイタリアのボローニャで創業。しかしその名が知れ渡るのは、"イタリア製"がクオリティとモードの代名詞となった1950年代に入ってからである。1960年代末にブルーノの甥のモーリス・マリが社長に就任し、その妻リタがクリエイティブディレクションを引き継ぐ。リタはブルーノ・マリをよりモダンなブランドへと進化させ、アンドレア・フィステル(p.19)を起用したことで高く評価された。同社は、現在はマリ家の所有を離れたが、2005年にブルーノ・マリの歴史的デザインを所蔵する美術館を創設した。

BUTTERO　ブッテロ

　1974年にマウロ・サーニがイタリアのフィレンツェで創業した靴メーカー。トスカーナ地方の伝統的なカウボーイスタイルをベースとした、メンズとウィメンズのブーツを生産している。

CAFÉNOIR　カフェノワールに関しては、
TOSCANA CALZATURE トスカーナ・カルツァトゥーレを参照。

CAMILLA SKOVGAARD　カミーラ・スコフガード

　デンマーク出身のカミーラ・スコフガードは、10代の終わりに洋服の仕立てを学ぶためパリに移る。その後7年間をドバイで過ごし、王族の妻や娘たちのドレスを仕立てた。2000年に渡英し、ロンドンのコードウェイナーズ・カレッジで靴のデザインを学ぶ。ロイヤル・カレッジ・オブ・アートの修士課程在学中にイタリアの靴メーカーと提携し、2006年の卒業を前にして自身の名を冠した靴ブランドを発表した。同年、英国のファッションブランド、マシュー・ウィリアムソン（Matthew Williamson）の靴デザイナーに抜擢された。

CAMMINA　カンミーナに関しては、
GEMINI GROUP ジェミニグループを参照。

CAMPER　カンペール

　1877年以来靴づくりに携わる家系に生まれたロレンソ・フルーシャによって1975年に設立されたスペインのブランド。カンペール（カタラン語で"農夫"の意）の最初のモデルは、古タイヤを加工したソールをキャンバスに縫いつけた、カマレオンと呼ばれる靴だった。カンペールは現在、カジュアルなデイリー＆スポーツシューズを中心に生産している。かつてはセレクトショップでの展開だったが、1981年にバルセロナに旗艦店をオープンし、1990年代末にはスタイリッシュなカジュアルシューズを代表する世界的ブランドとなった。

カンペール
インステップを紐で結ぶ
花柄キャンバスシューズ、1990年代。

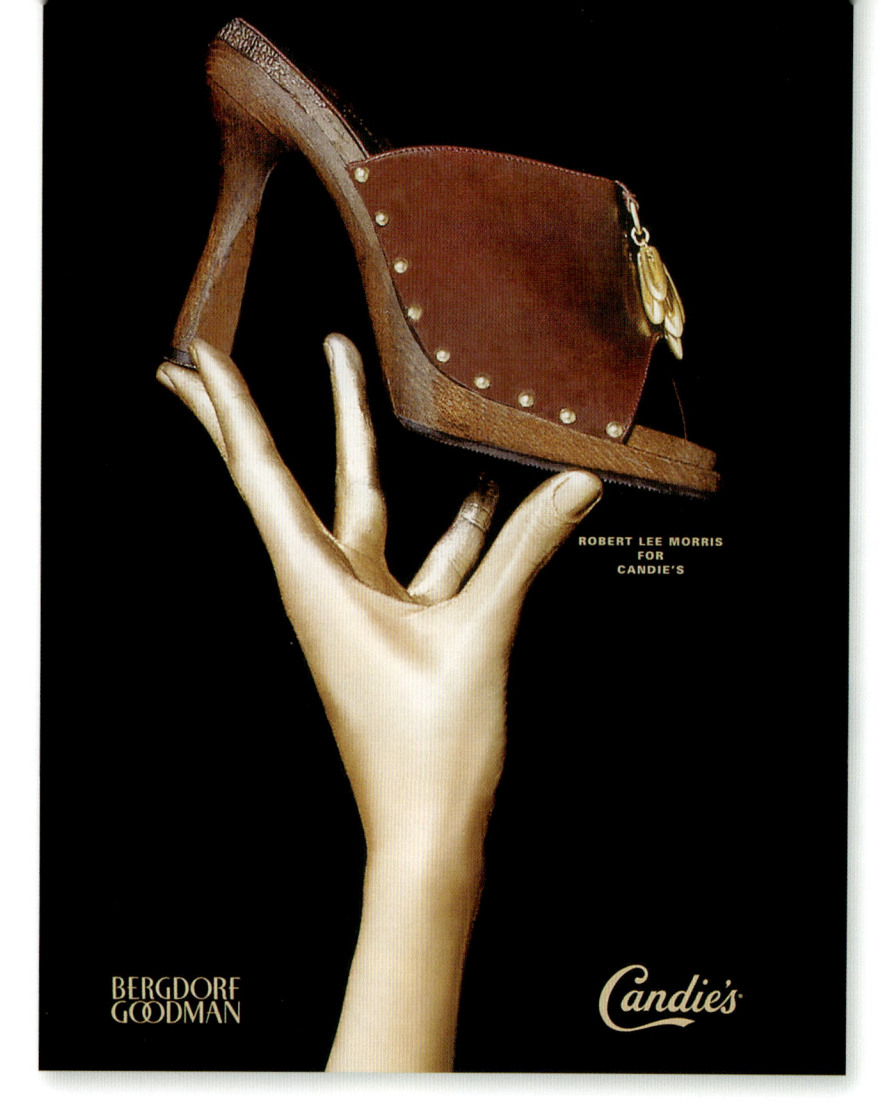

キャンディーズ
キャンディーズの広告、1998年春。

CANDIES　キャンディーズ

　イタリアで**アルマンド・ポリーニ**(p.23)がデザインを手がけるクロッグのブランド。1978年に**ケネス・コール**(p.135)の父、チャールズ・コール経営のエルグレコ社によって初めてアメリカに輸入された。キャンディーズは1981年に設立され、1993年にアイコニックス・ブランドグループに売却。その後は小物や香水などに商品展開を広げている。

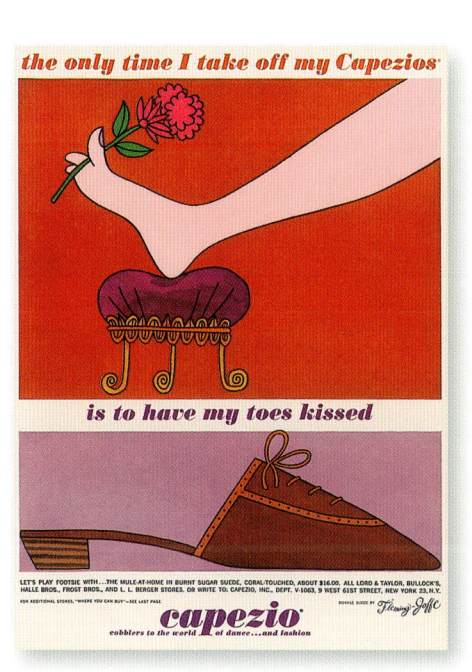

CAPARROS　カパロス

　プエルトリコ出身のアナベル・カパロスは、スペインとアジアで18年間デザイナーとして働き、1988年にカパロスシューズを設立した。エレガントなイヴニングスタイルを特徴とするカパロスの靴は、百貨店や専門店の他にオンラインでも販売されている。

CAPEZIO　カペジオ

　イタリア生まれのサルヴァトーレ・カペジオは、渡米後の1887年に舞台用フットウエアのブランド、カペジオを設立する。ニューヨークでは、当時ブロードウェイ39丁目のメトロポリタンオペラ歌劇場から通りを隔てた斜め向かいという好立地に店を構えた。この店にはロシア人バレエダンサーのアンナ・パヴロワも訪れ、1910年のニューヨーク公演の際にはバレエ団員全員にカペジオのトウシューズを購入したという。1941年、スリッパ型でソフトソールのバレリーナシューズがクレア・マッカーデルのファッションショーで披露された。これを見た百貨店のロード＆テイラーは、ダンスシューズの靴型をベースにしたローヒールのファッションシューズを店頭に並べ、カペジオを一躍ファッションフットウエアの世界へと飛躍させた。カペジオは、1950年代には指の付け根が見えるローカットシューズをヒットさせたことでも知られる。

カペジオ
上　カペジオの広告、1963年秋。

右　パープルのコットン製
ウエッジシューズ、1970年代末。

CAPEZIO　51

CARAS カラスに関しては、
ADRIANA CARAS アドリアーナ・カラスを参照。

CARLISLE SHOE COMPANY
カーライル・シューカンパニー

　ニューヨークのエンパイア・ステート・ビルディングに本社を構えたカーライル・シューカンパニーは、ハイエンドな靴市場をターゲットとしていた。創業は19世紀末に遡るが、基幹ブランドのマドモワゼルが創設されたのは1937年のことである。1954年にジェネラルシューズ社に買収されるが、その後もマドモワゼルはブランドとして存続した。

CARLOS MOLINA　カルロス・モリーナ

　カルロス・モリーナは母国エクアドルで経済学およびビジネスの学位を取得し、1985年に渡米する。当初は靴メーカーのベリーニで会計士として働くが、後に商品開発を任された。1992年からファッションシューズのブランド、クーデターで営業および商品管理に携わり、7年間経験を重ねた後に独立。自分のブランドを立ち上げ、ファッション性の高いフットウエアを生産するモリーナ社を設立した。

CASADEI　カサデイ

　1958年にクィント・カサデイとフローラ・カサデイがイタリアのチェゼーナで創業した靴メーカー。1964年には上質でスタイリッシュなフットウエアの輸出を行う企業に成長した。現在は2代目のチェザレ・カサデイによる経営のもと、同社の靴は70パーセントが輸出されている。

カサデイ
カダデイの広告、1986年春。

カサデイ
黒のパテントレザー、ストラップ付き
ドルセーパンプス、1970年代末。

カスタニエール
カスタニエールの広告、1986年春。

54 CASTAÑER

カスタニエール
カスタニエールが製作した
イヴ・サンローランのウエッジエスパドリーユ、
1970年代中頃。

CASTAÑER　カスタニエール

　ルイス・カスタニエールは1927年に小さな工房を構え、エスパドリーユをつくりはじめる。1936年、会社は軍事用に国有化されたが、家族による運営は続けられた。1970年代初めにロレンソとイサベル・カスタニエールがパリの見本市に出展した際、イヴ・サンローラン（Yves Saint Laurent）の目に留まり、"サンローラン"ブランドで展開するウエッジエスパドリーユの創作を依頼される。その後カスタニエールは自社ブランドのレザーシューズやブーツにも展開を広げる一方、ルイ・ヴィトン（Louis Vuitton）や**クリスチャン・ルブタン**（p.62）にもウエッジエスパドリーユを提供した。

CELS ENTERPRISES　セルズ・エンタープライズ

　ロバート・ゴールドマンとキャロル・ゴールドマンは、1971年にロサンゼルスを本社として婦人靴を扱うセルズ・エンタープライズを設立した。量販店向けの靴の製造からスタートした同社は、8ブランドを展開する企業に発展した。1971年に立ち上げたクリエイティブインターナショナルは量販店のプライベートレーベルに特化し、1981

年のチャイニーズランドリーはハイファッションライン、1985年のオン・ユア・フィートはカジュアル志向の若者をターゲットとする。その他、リーズナブルなCL・バイ・ランドリー、都会的なストリートカジュアルのダーティランドリー、アクティブでスポーティなCL・ウォッシュを展開。次いで2004年にはティーン向けのリトルランドリー、最新ブランドとして2008年にヴィンテージランドリーが加わった。

CESARE PACIOTTI
チェザレ・パチョッティ

　ジュゼッペ・パチョッティは1948年にイタリアのチヴィタノーヴァ・マルケで工房を設立し、パリスというブランド名で手仕上げによる紳士靴をつくりはじめた。息子のチェザレ・パチョッティはボローニャで美術を学び、世界中を旅してまわった後、1980年に事業を引き継ぐ。その後、ファッションブランドのジャンニ・ヴェルサーチ(Gianni Versace)、ロベルト・カヴァリ(Roberto Cavalli)、ロメオ・ジリ(Romeo Gigli)、ドルチェ＆ガッバーナ(Dolce & Gabbana)の靴の製作をはじめる。1990年に、それまでわずかなアイテムに限られていたウィメンズのラインを拡大し、現在はチェザレ・パチョッティと、若い市場に向けたパチョッティ4USの2つの主力ブランドを展開している。

CHARLES DAVID　チャールズ・デヴィッド

　チャールズ・マルカは1988年にハリウッドで靴のブティック、チャールズ・デヴィッドをオープンした。デザインから流通、販売、店舗運営にいたるすべてのブランド管理を家族経営で行う同社は、現在、全米各地に25店舗を展開し、さらにファッション専門店や百貨店においてチャールズ・デヴィッドとチャールズ・バイ・チャールズ・デヴィッドの2ブランドで靴とバッグの販売を行う。

チェザレ・パチョッティ
チェザレ・パチョッティの広告、1995年秋。

チャールズ・デヴィッド
チャールズ・デヴィッドの広告、
1995年春。

CHARLES DAVID 57

CHARLES JOURDAN　シャルル・ジョルダン

　シャルル・ジョルダン（1883-1976年）の靴業界での第一歩は、1921年（文献によっては1919年）にフランスのロマンで小さな工房を開いたことからはじまる。それがやがて大規模な工場となり、1928年にはプレタポルテのコレクションを発表するまでにいたった。第二次世界大戦中に息子たちが事業に加わるが、当時は深刻な革不足により、他のフランス企業と同じくジョルダンもまた代用素材で靴づくりを行っていた。戦後、息子のロランは上品で優雅な靴というシャルル・ジョルダンのブランド力を携えて、英国および米国市場に進出した。1953年に米国の小売販売会社**ジェネスコ**(p.98)と提携し、ジェネスコが米国で販売する仏ブランドをシャルル・ジョルダンのみとする独占契約を結ぶ。1957年には、すでに上質な既製靴ブランドとして定評を得ていたシャルル・ジョルダンの経営を3人の息子が引き継ぎ、パリのマドレーヌ通り5番地に旗艦店を構えた。1959年には**ロジェ・ヴィヴィエ**（p.192）がデザインするクリスチャン・ディオール（Christian Dior）の靴のライセンス生産権を得る。シャルル・ジョルダンは1960年代および1970年代に大成功を収めて世界各国に出店するとともに、ピエール・カルダン（Pierre Cardin）などのメゾンが展開するプレタポルテコレクションに靴のデザインを提供した。ファッション業界への貢献が認められ、1968年にロラン・ジョルダンがニーマンマーカス賞を受賞。この頃、シャルル・ジョルダンの靴はファッション性の高さで世界的に名声を博すようになる。しかし同社はおそらくあまりにも急速に拡大した結果、1981年にロランは辞任し、シャルル・ジョルダンは創業家による経営に終止符を打った。1990年代初頭になると、同社はシャルル・ジョルダンおよび姉妹ブランドのセデュクタ（Seducta）の他、CJ・ビス（CJ Bis）、カール・ラガーフェルド（Karl Lagerfeld）、エンリコ・コベリ（Enrico Coveri）の靴の生産も行った。しかし1990年代前半の景気後退によって深刻な影響を受け、多くのリテールストアからの撤退と事業再生への取り組みが必至となる。その後ロワイエグループの傘下となったシャルル・ジョルダンは、2009年に**アレクサンドラ・ニール**(p.16)をデザイナーに迎えてのニューコレクションをパリで発表し、見事な復活を果たした。

シャルル・ジョルダン
様々なカラーで展開される
キッドレザーと
スネークスキンのサンダル、
1983年。

チェルシーコブラー
パープル地にシルバーの月と
イエローの星＆太陽のアップリケをつけた
ボタンアップのブーツ、1968年。

CHELSEA COBBLER　チェルシーコブラー

　1967年にロンドンのキングスロードでデザイナーのリチャード・スミスとマンディー・ウィルキンズによって設立されたブランド。チェルシーコブラーは顧客のためのビスポーク(注文靴)とともに、独創的な既製靴を創作した。1970年代中頃、チェルシーコブラーの靴はインポートも含め、より幅広い層をターゲットとした普遍的なスタイルにシフトする。また、大手百貨店ハロッズ内のショップなど、販売拠点の拡大も行った。

CHIE MIHARA　チエ・ミハラ

　ブラジルのポルトアレグレで日本人の両親のもと1968年に生まれたチエ・ミハラは、日本とニューヨークでファッションデザインを学ぶ。**サム＆リビー**(p.204)と**シャルル・ジョルダン**(p.58)でデザイナーとして働いた後、2001年に自身の靴ブランドを発表した。チエ・ミハラの靴は、ロマンティックで履き心地が良く、彫刻のように美しいと称されている。

CHIKOSHOES　チコシューズ

　1999年に中国の上海でジュディ・チンとランバート・コルクマンが創業した靴メーカー。チコシューズは顧客が希望するデザインをもとにして、ハイファッションからスポーツシューズまで様々なスタイルの靴を創作する。

CHINESE LAUNDRY
チャイニーズランドリーに関しては、
CELS ENTERPRISES
セルズ・エンタープライズを参照。

チコシューズ
黒のドルセーパンプス、2009年。

CHINESE LAUNDRY　61

CHRISTIAN LOUBOUTIN　クリスチャン・ルブタン

　クリスチャン・ルブタン(1964年生まれ)は**シャルル・ジョルダン**(p.58)で経験を積み、フリーランスでシャネル(Chanel)、イヴ・サンローラン(Yves Saint Laurent)、**ロジェ・ヴィヴィエ**(p.192)のデザインに携わった後に自らのブランドを設立した。1991年にはパリのパッサージュ・ヴェロ＝ダにサロンを開設する。ルブタンは自身について、熱狂的な靴の愛好者であり、最初はミュージックホールのダンサーの影響で華やかなステージ用の靴をデザインしはじめたと語る。ルブタンによると、女性の足でもっとも官能的なのは土踏まずの内側のカーブだという。クリスチャン・ルブタンの靴のソールは、アッパーの色に関わらず鮮やかなレッドにペイントされ、ヒールのトップリフト(先端部分)にはバラ模様の足跡を残すものがある。ルブタンはこれを"Follow Me"シューズと呼んでいる。
_{私を追いかけて}

クリスチャン・ルブタン

左上　ジッパー付き白のキャンバス地とレザーのプラットフォームサンダル"ロディタ"。調節可能なクロスのストラップ、レザーバックル、シグネチャーのレッドソールが特徴、2009年。

上　白レザーにシルバーのポイントを加えた二重プラットフォームのスリングバックサンダル"ヴェリー・クロワーズ"。ピープトウとシグネチャーのレッドソールが特徴、2009年。

CLARK, MARGARET　マーガレット・クラークに関しては、
MARGARET JERROLD マーガレット・ジェロルドを参照。

CLARKS　クラークス

　1820年代に家族経営の靴工場からはじまったC&J・クラークスは、20世紀の英国屈指の靴メーカーに発展した。クラークスは所有ブランドのトーブランドとハイジェニックを手放した後、1920年に自社の靴ブランドを設立した。その後ネーサン・クラークが1949年にクレープソールのスエードブーツを開発してデザートブーツと名づける。これは彼が第二次世界大戦の兵役中に北アフリカで目にした英国陸軍用ブーツからアイデアを得たものだった。デザートブーツは1950年代後半にベストセラーとなり、紳士カジュアルシューズの先駆けとなった。1966年には次なるヒット商品のワラビーが発売される。しかし1980年代に同族経営の事業は深刻な財政問題に直面した。1996年以降、問題がさらに深刻化したため、生産拠点をブラジルとインドに移転する。その後2001年にドイツの靴メーカー、エレファンテンを傘下に収めて体制の再建を試みたが、2005年には英国に残された最後の工場を閉鎖した。現在クラークスは、ファッションラインのインディゴ(Indigo)、アクティブなカジュアルラインのプリヴォ(Privo)、紳士ドレスシューズのボストニアン(Bostonian)などのブランドを展開している。

クラークス
クラークスの広告、1963年春。

CLONE　**クローン**に関しては、
BRUNO BORDESE ブルーノ・ボルデーゼを参照。

COLE HAAN　コールハーン

　トラフトン・コールとエディ・ハーンは、1928年にシカゴでコールハーンの第1号モデルとなる紳士オックスフォードシューズを発表した。コールハーンは、1950年代にはサドルシューズやホワイトバックス、ペニーローファーなどで男子大学生スタイルの象徴的存在となった。1979年にはウィメンズラインの展開を開始。1980年代にボートシューズやドライビングモカシンなどのドレッシーカジュアルを打ち出し、1984年以降は"ブラウンシューズ"と呼ばれる天然色レザーのカジュアルシューズ市場を牽引した。1988年にナイキの傘下となるがコールハーンのブランド名は残される。1999年、同社は1920年代から1930年代のアーカイヴをイメージした靴を発表した。2006年以降、コールハーンの女性用ドレスシューズには快適性を追求したナイキエアソールが搭載されている。

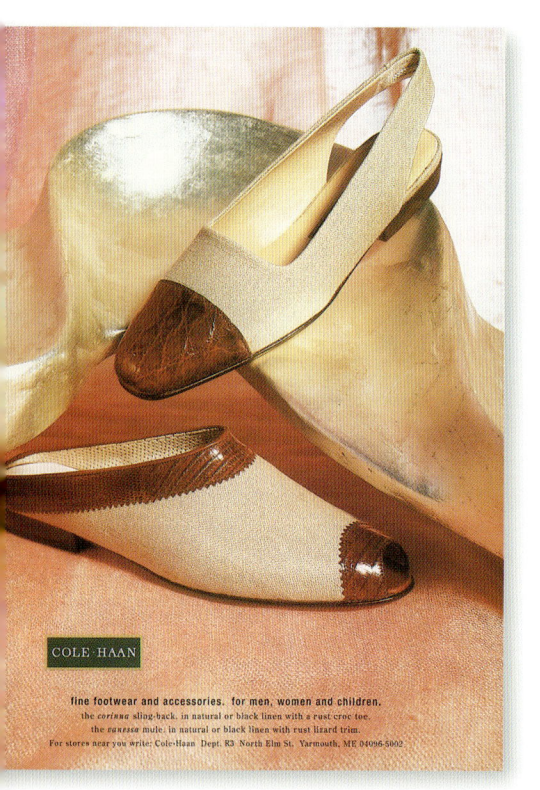

コールハーン
コールハーンの広告、1994年春。

コンソリデイテッド・シューズ
コンソリデイテッド社のブランド、オフ・ザ・ビートン・トラックの広告、2009年。

COLLECTIVE BRANDS　コレクティブ・ブランド

　コレクティブ・ブランドは、ペイレスシューズ社が2007年にストライドライト社とコレクティブ・ライセンシング・インターナショナル社という、吸収合併によって成長した2社を買収して設立された。ストライドライトは1919年に子供靴の販売店として創業、一方コレクティブ・ラインセンシングはエアーウォークやアメリカンイーグルなどのブランドを統括していた。コレクティブ・ブランドは現在、スポーツシューズ以外のメーカーとしては西半球最大の企業グループで、様々なブランド靴の小売および製造会社を運営している。傘下に、アバエーテ、エアーウォーク、アメリカンイーグル、チャンピオン、デクスター、ディズニー、グラスホッパー、ハンナ・モンタナ、ケッズ、レラローズ、パトリシアフィールド、サッカニー、シムズ、スケートアタック、ストライドライト、スペリー・トップサイダー、トミーヒルフィガー、ウルトラホイール、ヴィジョン・ストリートウエアなどを持つ。

コンソリデイテッド・シューズ

右　コンソリデイテッド社のブランド、イレギュラーチョイスの広告、2009年。

下　コンソリデイテッド社のブランド、ポエティックライセンスの広告、2009年。

CONSOLIDATED SHOE　コンソリデイテッド・シューズ

　1898年に米国バージニア州リンチバーグでリンチバーグ・シューズとして創業。後に靴メーカー各社を統合して社名を変更した。現在、同社が製造および輸入販売を行っているブランドには、**アペパッツァ**（p.22）、ニコル（Nicole）、マドレーヌ（Madeline）、**イレギュラーチョイス**（p.118）、ポエティックライセンス（Poetic Licence）、さらに2008年にイパネマとパラディウムの2ブランドから撤退し、同年新たに旅行をテーマとして創設したオフ・ザ・ビートン・トラック（Off The Beaten Track）がある。ニコルのデザインを手がけるマウリツィオ・チェリンは、イタリアのパドヴァで広告デザイン、ストラ近郊で靴のデザインを学び、**ナインウエスト**（p.172）、**セルジオ・ロッシ**（p. 208）、**エンゾー・アンジョリーニ**（p.22）など様々なブランドのデザイナー職を経て1985年に自分のアトリエを開設した。

CONSOLIDATED SHOE　65

クラドックテリー・シューコーポレーション
左　クラドックテリーのブランド、ナチュラルブリッジの広告、1950年春。

下　クラドックテリーのブランド、オーディションの広告、1968年春。

COUROMODA
コウロモーダ

　コウロモーダは1970年代初めに創業。国際見本市の開催と海外市場へのプロモーション活動を通じて、ブラジル靴産業の中心的役割を果たす企業となった。2009年1月にブラジルのサンパウロで開催されたコウロモーダ見本市（国際履物・スポーツ用品・皮革製品見本市）では、1200の出展者が3000を超えるブランドを紹介した。これはブラジルで生産される靴ブランドの実に90パーセントを占めている。

CRADDOCK-TERRY SHOE CORPORATION
クラドックテリー・シューコーポレーション

　1888年に米国バージニア州リンチバーグで創業したクラドックテリー・シューコーポレーションは、1960年代のブランド"オーディション"を中心としたウィメンズシューズで知られていた。しかし、創業100周年を目前に控えた1987年に破産保護申請を行う。新たにクラドックテリー社に改名し、政府より軍用靴の生産を受注して事業の再生を行った。

CROCS　クロックス

　防水性と静菌作用を備えたエチレン酢酸ビニルの発泡樹脂、クロスライト™の特許が1998年に取得される。この軽量で足跡がつきにくく、防臭・防滑性の高い素材を用い、インジェクションモールド製法（訳注：プラスチック材料を溶かして型に加圧注入する製法）でクロッグがつくられた。カナダ企業がスパでの使用を目的として製造したその黒いクロッグが米国企業ウェスタン・ブランドのオーナー、ジョージ・ボーデッカー・ジュニアの目に留まると、彼のパートナーであるスコット・シーマンズはバックストラップをつけたデザインに変更し、2002年にクロックスというブランド名でボート用のシューズとして発表した。クロックスは2006年夏に爆発的なヒット商品となり、その成功は"クロックオフ"というコピー商品を生んだ。クロックス社は商標権の保護を強化したが、2007年以降の売上高は著しく減少している。

CYDWOQ　サイドウォーク

　アルメニアで長年靴づくりを営む家系に生まれたラフィー・バラウジアンは、ロサンゼルスでファッションデザイナーとして仕事をはじめる。その後1996年にカリフォルニア州バーバンクで靴ブランドのサイドウォークを設立した。サイドウォークは環境に優しい植物由来のなめし加工レザーを使い（できるだけ裁断せず、しかもオーガニック接着剤を用いて）、耐久性に優れながら歩きやすさを追求した靴を生産する。

クロックス
クロックス独自のクロスライト™素材を使用した、アンクルストラップ付きのモデル"ケイマン"。2006年から2010年頃。

DANIBLACK　ダニーブラックに関しては、
SCHWARTZ & BENJAMIN
シュワルツ&ベンジャミンを参照。

DANIELE TUCCI　ダニエル・トゥッチ

　ミラノで1984年に設立されたイタリアのブランド。主にメッシュレザーの靴とサンダルを扱っている。

DAN POST BOOT COMPANY　ダンポスト

　ダンポストは、ウェスタンスタイルの人気が高まりゆく1960年代中頃に米国テネシー州で創業。1970年代にはラレド、ディンゴなどのブランドもダンポストグループに加わった。

DANSKO　ダンスコ

　1990年にピーター・ケララプとマンディ・キャボットによって設立されたブランド、ダンスコは"デンマークの靴"という意味を持つ。同社は、2枚革のアッパーと厚いソールから成るクロッグタイプのスリッポンシューズで知られる。

ダンポスト・ブーツカンパニー
ダンポスト社の広告、1992年秋冬。

ダンスコ
舟底型ソールのクロッグ、2009年。

デヴィッド・ワイアット
赤い"羽飾り"パンプス、2009年。

DAVID WYATT　デヴィッド・ワイアット

　デヴィッド・ワイアットはウィメンズのファッションデザイナーとして仕事をはじめ、その後2002年に靴のデザイナーに転身した。上質な布地をふんだんに織りまぜ、緻密なクラフトワークで仕上げた、フェミニンなバロック様式のコレクションを展開する。

DEB SHOE COMPANY　デーブ・シューカンパニーに関しては
WOLFF SHOE COMPANY　ウォルフ・シューカンパニーを参照。

DECKERS　デッカーズ

　1973年にカリフォルニア州サンタバーバラで、サーフィン好きのダグ・オットーはドリフトウッド・ダンというブランド名でナイロン＆ラバー製サンダルの生産をはじめた。ソール部分がクルーズ船のデッキに似たこのビーチサンダルは、ハワイのスラングで"Deckas"(デッカズ)と呼ばれたことから、オットーは1975年にこの商品をデッカーズサンダルと名づける。1985年、デッカーズ社はライセンス契約を結んでテバサンダル(マーク・サッチャーによって1984年に開発)の製造販売権を取得し、2002年には会社を買収した。さらに1993年、**シンプルシューズ**(p.211)(エリック・マイヤーによって1991年設立のスポーツカジュアルシューズのメーカー)を傘下に収める。同年、デッカーズ・アウトドア・コーポレーションと改名。その直後にオリジナルブランドのデッカーズは、シンプルシューズとテバブランドの人気に押される形で市場からしばらく姿を消し、2008年6月に復活した。デッカーズは1995年に**アグホールディング**(p.230)(ブライアン・スミスによって1979年設立のオーストラリアから米国にシープスキンブーツを輸入する会社)を買収した。

DELMAN　デルマンに関しては、
HERMAN DELMAN　ハーマン・デルマンを参照。

DE ROBERT　デ・ロベルト

　1955年創業のイタリアの靴メーカー、デ・ロベルトは、履き心地が良く洗練されたウィメンズシューズを製造している。同社のブランド、デ・ロベルト(若々しいスタイル)、ゼノブ(コンフォートスタイル)、およびフライは世界各国の高級専門店で展開されている。

DIANA FERRARI　ダイアナ・フェラーリ

　ヴィクトリア州リッチモンドで1979年に創業したダイアナ・フェラーリは、オーストラリアを代表する靴メーカーに成長した。1983年にコンフォートシューズのシリーズ、スーパーソフトを立ち上げ、2000年にはアパレルと小物も同時に展開する1号店をオープンした。

ディエゴ・デッラ・ヴァッレ
メタリック仕上げのキッドレザーサンダル、1970年代末。

DIEGO DELLA VALLE　ディエゴ・デッラ・ヴァッレ

　ディエゴ・デッラ・ヴァッレはイタリアの靴デザインと製造業を営む家系の第3世代として1954年に生まれた。1970年代末に高級靴のデザイナーとして頭角を現し、その後、ヴェルサーチ、ジャンフランコ・フェレ、カール・ラガーフェルド、フェンディ、クリツィア、クリスチャン・ラクロワ、ジェフリー・ビーン、アズディン・アライア、ロメオ・ジリ、カルバン・クラインなどのデザインを手がけた。彼がデザインする高級カジュアルシューズ、トッズ(Tod's)の初の店舗を1979年に開き、1988年にドライビングモカシンを発表、1997年にはトッズの商品展開をバッグと小物類を含めるまでに拡大した。1990年代半ばに**ロジェ・ヴィヴィエ**(p.192)を傘下に収める。

DIEGO DOLCINI　ディエゴ・ドルチーニ

　ディエゴ・ドルチーニはナポリで生まれ、その後学業のためにミラノに移る。他の多くのシューズデザイナーと同じく最初は建築学を専攻したが、修了前に方向転換した。1994年に自身の靴ブランドを立ち上げるとともに、**ブルーノ・マリ**(p.48)やプッチ(Pucci)などの有名ブランドともコラボレーションを実現する。2001から2004年は**グッチ**(p.105)の靴部門でクリエイティブディレクターを務めた。

DI SANDRO ディ・サンドロに関しては、
MAGLI, SANDRO サンドロ・マリを参照。

DOC MARTENS　ドクターマーチン

　ドイツ人整形外科医のクラウス・マーチンはスキー事故で足を負傷した後、1945年にエアクッションソールの靴を考案する。友人のヘルベルト・フング医師の協力も得て、彼はこの靴を完成させて特許を取得し、ドイツでの販売をはじめた。その後マーチンは製造と販路の拡大を求めて英国靴メーカーのR・グリッググループと連携する。グリッグ社は1959年に製造販売権を獲得。エアクッションソールをラバー素材から汚れにくいPVC（ポリ塩化ビニル）に変更してワークブーツの底に使い、アッパー部分にさし色のステッチを効かせた。さらに名前を英国化して"Dr. Martens"と綴りを変え、"Doc Martens"の愛称で世に広めた。オリジナルモデルは1460として知られるが、これは最初のブーツが完成した日の1960年4月1日に由来する。このモデルは当初ワークブーツとして販売され、まず英国の警官、郵便局員、工場労働者などから絶大な支持を得た。その後1970年代後半にはパンクスやスキンヘッズの間で、見た目はハードだが機能性の高いストリートファッションとして注目を集め、一躍大ヒット商品となった。1980年代にグリッグ社はドクターマーチンを製造する他メーカーのライセンス権を買い取り、同社の下に統合する。さらにカラーとスタイルのバリエーションを拡大して商品展開を広げた。ドクターマーチンは、ネオナチのスキンヘッズが象徴的な白い紐のブーツを履いたことから彼らのアイコンとされるが、同時にヴァチカン宮殿からの発注も受けるなど、幅広い層に愛用された。その後、特許ソールは**マノロ・ブラニク**(p.150)のクチュールシューズに使用されるなど、1990年代初めには広く普及する。しかし、ドクターマーチンの靴のソール以外は特許申請されていなかったために、1990年代にはコピー商品が氾濫し、グリッグ社の販売力は低迷した。対抗措置としてグリッグ社は米国の販売代理店のエアウエア社を傘下に収め、コピー商品の製造業者に対して訴訟を起こす。ドクターマーチンは単なるブランドではなくライフスタイルそのものだと主張してブランド管理を徹底させた。だがその損失額は多大であり、同社は2003年に生産拠点を中国に移転した。

DOMINICI　ドミニチ

　1980年にアルヴァロ・ドミニチが創業した靴メーカー。ファッション性の高いフットウエアを製造し、イタリア、オーストリア、ギリシャ、イスラエル、ドイツ、デンマークで販売している。

ドクターマーチン
ハンマー＆シクルをモチーフにした赤と黒のブーツ、1990年代中頃。

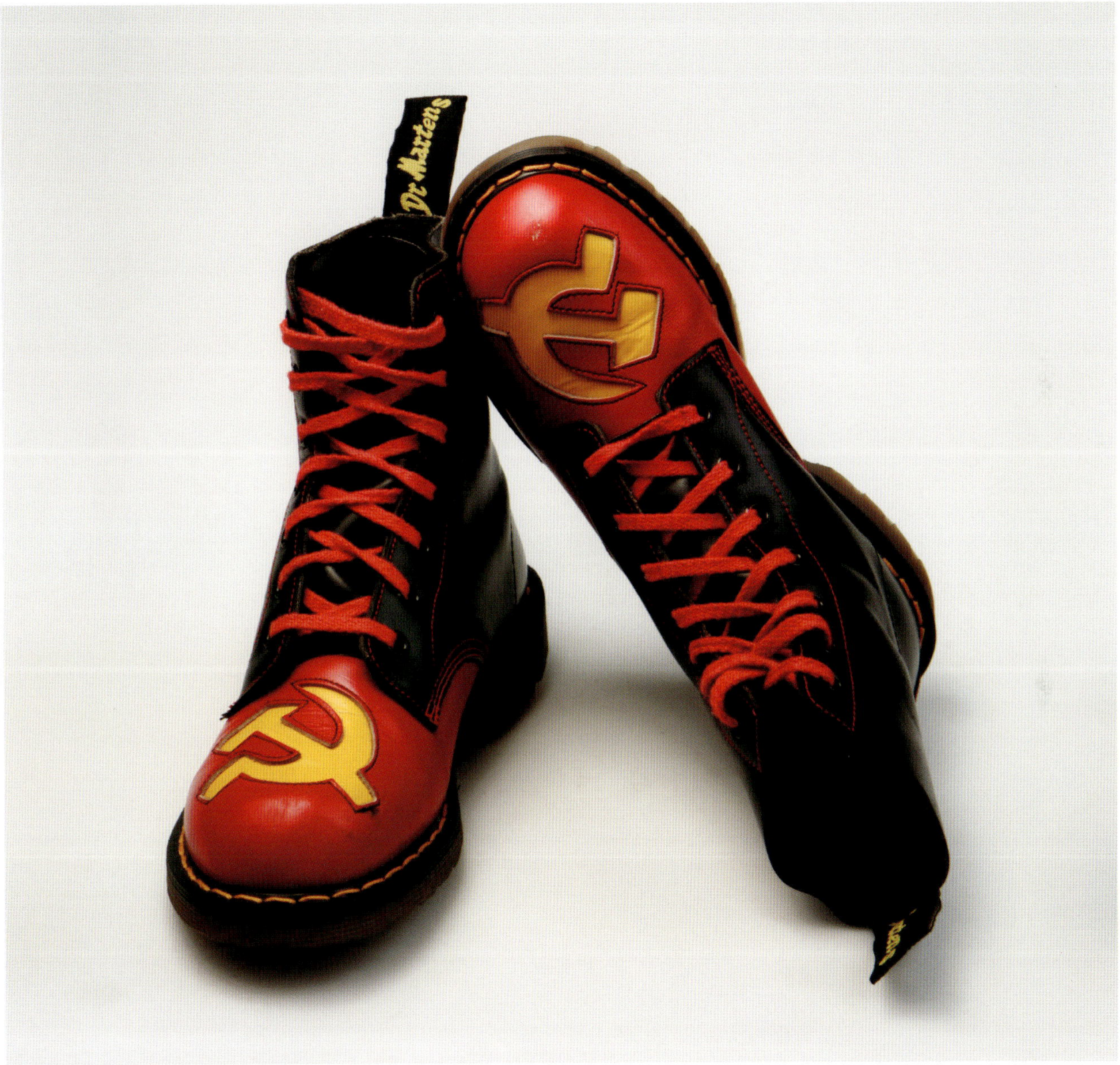
Dr Martens

DONALD J. PLINER　ドナルド・J・プライナー

　ドナルド・J・プライナーは1943年、靴ビジネスに携わる家庭に生まれ、父親が経営する**フローシャイム**(p.92)靴店で見習いとしてスタートした。1967年に独立し、1974年にはビバリーヒルズで、**モード・フリゾン**(p.158)や**ステファン・ケリアン**(p.212)などの新進デザイナーを扱うライトバンク・シューカンパニーを経営した。プライナーは自分でも靴づくりを行い、自身の名を冠したウィメンズのラインを1989年に、次いでメンズのラインを1998年に発表した。プライナーの靴はイタリアで生産され、主に米国で販売されている。2009年にはおよそ100万足の靴がドナルド・J・プライナーのブランド名で製造された。

DR. SCHOLL　ドクターショール

　ウィリアム・マティアス・ショールは1882年に生まれ、靴の修理工見習いや販売員として働きながら足の疾患についての知識を得る。後にイリノイ医科大学(現ロヨラ大学)で医学博士号を取得し、1907年にショール・マニュファクチャリング社を設立。土踏まずをサポートするインソール、フットイーザーをはじめとしたフットケア商品を開発した。ショールは1912年にイリノイ足病学整形大学(訳注：現Dr. William M. Scholl College of Podiatric Medicine)を設立する。1958年には、ドクターショール初のエクササイズサンダルを発売した。このサンダルは、ウッドソールのつま先部分が盛り上がり、指先でソールをつかむような構造になっている。1968年にショールが他界した後は2人の甥が事業を引き継ぎ、1971年に株式を上場する。その翌年、エクササイズサンダルは医療用フットウエアからファッションアイテムとなって世界中で人気を博し、全米だけで実に100万足を超える販売数となった。このウッドサンダルは1990年代初めにリバイバルを果たし、ファッションデザイナーのマイケル・コース(Michael Kors)やアイザック・ミズラヒ(Isaac Mizrahi)のランウェイショーにも登場した。現在、ドクターショールの商品は中国で生産され、**ブラウン・シューカンパニー**(p.45)によって米国に輸入されている。

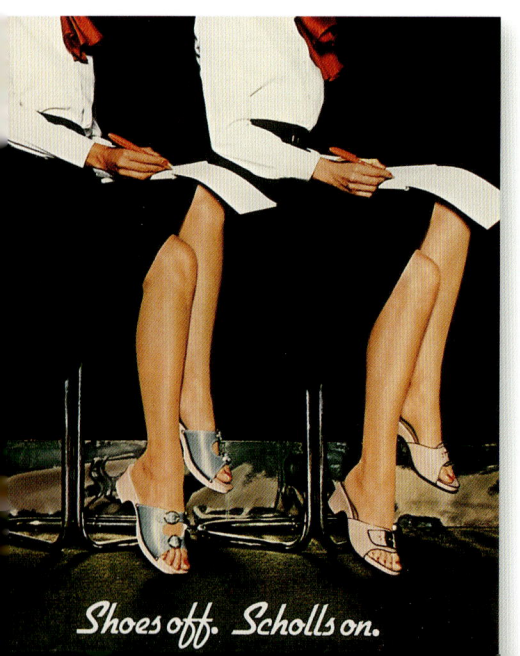

ドナルド・J・プライナー
上　ドナルド・J・プライナーの広告、2006年秋。

ドクターショール
左　ドクターショールの広告、1976年秋。

DUNN & MCCARTHY　ダン&マッカーシー

　ジョン・ダンは1867年にニューヨーク州オーバーンでダン&マッカーシー・シューカンパニーを創業。設立当初は近くのオーバーン更生施設から人員を雇用した。同社はフィット感に優れたファッションシューズを中心に展開し、1930年にエナジェティックス、その数年後にウォーキングシューズのブランド、ヒル・アンド・デールを立ち上げた。ダン&マッカーシーの靴は最新トレンドを取り入れつつも極端に走らず、スタイリッシュでありながら常に履き心地を優先したものだった。同社は1989年10月に破産申告し、1990年3月に事業の幕を閉じた。

EARTH SHOES　アースシューズ

　アン・カルソーはデンマークに生まれ、ヨガのインストラクターとして働いていた。彼女は砂浜を歩くときに踵部分が砂に沈む様子が、ヨガの基本姿勢"山のポーズ"に似ていることに気づく。これは体に良い効果があると確信したカルソーは試行錯誤を重ね、踵がつま先より低くなる"ネガティブヒール"の靴を考案した。1968年にはコペンハーゲンに店を構えてカルソー・マイナスヒールの靴を販売しはじめる。翌年、休暇を過ごしていたアメリカ人のレイモンドとエレノア・ジェイコブス夫妻が店を訪れ、カルソーの靴をアメリカで展開することで合意した。そして1970年4月1日、マンハッタン東17丁目にストアオープンとなる。この日は偶然にも世界的にアースデイが認められた日であったため(訳注：実際のアースデイは4月22日)、エレノアは店のウィンドウに"アースシューズ"という看板を掲げた。その後、アースシューズを製造する米国初のファクトリーが1972年9月に開設される。1974年には広告キャンペーンや各メディアへの露出効果からアースシューズの需要が急激に高まるが、フランチャイズ店の供給が追いつかず、結局1977年に閉店となった。しかし、2000年までにカルソーはメイナードデザインという新たなパートナー企業を得て米国でブランドリニューアルを果たし、オンライン販売を開始した。2001年にはアースシューズの市場での展開が復活する。アースデイ40周年を迎えた2010年4月、アースシューズはバイオステップと呼ばれる生物分解可能で環境に優しいソールを発表した。

ダン&マッカーシー
ダン&マッカーシーのブランド、
ヒル・アンド・デールの広告、1966年春。

エコー

左　ブラウンレザーのジップアップブーツ、"バーモンド"、2009年。

右　パープルスエードのバレリーナシューズ、"ブーリオン"、2009年。

下　ブラックレザーのフラットシューズ"ライド"、2009年。

イーストランド
右　ブラウンレザーで仕立てた
モカシンタイプの靴、2009年。

エコー
下　黒のクロコダイル型押しパテント
レザーの靴"オールソー・ソフト"、2009年。

EASTLAND　イーストランド

　イーストランドは米国メイン州フリーポートで1955年に創業した家族経営の会社で、カジュアルな"ブラウンシューズ"のスリッポン、サンダル、メリージェーン、クラシックスタイルのブーツを生産している。イーストランドブランドの他、アンダーフットやサウスウエスト・モカシンカンパニーの靴の製造も行っている。

ECCO　エコー

　1963年にビルテ・ツースビーとカール・ツースビーによってデンマークのブレデブロで設立されたエコーは、デザイン性と履き心地を兼ね備えたフットウエアを追求している。ダイレクトインジェクション製法でつくられるエコーの靴は柔軟性や耐久性、サポート力に優れている。1978年に発売された"ジョーク"と呼ばれるモデルがエコー初のベストセラー商品となった。2004年にカールが亡くなった後、娘のハンニ・ツースビー・カスプルザックが事業を引き継いでいる。

ECO-DRAGON　エコドラゴン

　1993年にエリックとウェスのクレイン兄弟によって創業。フェアトレードで環境にも優しいエコドラゴンのヘンプの靴は、中国の西安近郊で生産されている。西安には秦の始皇帝陵を守るべく7000体の実物大テラコッタ兵馬が、よく似たヘンプの靴を履いて埋葬されている。

EDER　エダー

　1983年にマウロ・デ・バーリがイタリアで創業した靴メーカー。カジュアルでリゾート感あふれるサンダルを生産する。イタリアを中心に販売しているが、世界各地にも事業展開を拡大している。

EDISON BROTHERS STORES　エディソン・ブラザーズ・ストア

　エディソン家の兄弟、ヘンリー、マーク、アーヴィング、サイモンは1922年に米国ジョージア州アトランタでチャンドラーズ靴店をオープンし、後に5000店舗を抱える米国最大の靴チェーン店のオーナーとなる。1920年代、チャンドラーズはすべての靴を6ドル均一で販売したことから有名になった。店では装飾的でファッショナブルな靴を専門に扱ったが、スケールメリットを活用して価格を低く抑えていた。1923年、さらに手頃な価格帯のフットウエアを展開するベーカーズ靴店の第1号店を開い

エディソン・ブラザーズ・ストア

左　エディソン・ブラザーズのチェーン店、チャンドラーズの広告、1971年12月。

下　エディソン・ブラザーズのチェーン店、チャンドラーズの広告、1958年秋。

たが、カリフォルニア州にはベーカーズという名の店舗がすでに存在したため、ロッキー山脈以西の店はリーズ靴店と名づけた。さらに大恐慌が到来すると、もっと安価な靴を扱うチェーン店のバーツ靴店を立ち上げる。1948年には、エディソン・ブラザーズはショッピングモールへの出店も含めて全米で200店舗を展開するまでになる。店舗数が1000となった1973年までには創業者たちの子供が経営を引き継ぎ、事業を多角化してアパレルや小物を扱う店を展開した。1972年にエディソン・ブラザーズは初の若者をターゲットとした店舗、ワイルドペアをヒューストンとトゥーソンにオープンし、ユニセックスな商品を販売した。1970年代半ばには、チャンドラーズが輸入靴との競合市場に直面する一方で、低価格帯のベーカーズ、リーズ、バーツは当時急増していたショッピングモールへの出店を続けた。こうして市場は飽和し、1980年代に収益性は低下していった。だが、同社はアパレルを中心にして、外食産業、ゲームセンターといった娯楽施設など、靴以外の事業を買収することで成長路線を続けた。

EDMUNDO CASTILLO　エドムンド・カスティーリョ

　1967年にプエルトリコで生まれたエドムンド・カスティーリョは、靴づくりを学ぶためにニューヨークに渡る。ダナ・キャラン(Donna Karan)のもとで8年間修行を積んだ後、しばらくポロ・ラルフローレン(Polo Ralph Lauren)で働くが、その後ダナ・キャランに戻ってコレクションラインとDKNYのメンズラインを担当する。2001年、カスティーリョはシグネチャーとなる新たな靴のブランドでペリー・エリス賞を受賞。2006年に**セルジオ・ロッシ**(p.208)のデザイナーに就任した。

EDUARD RHEINBERGER　エドワード・ラインベルガー

　1882年にドイツのピルマゼンスで創業した靴メーカー。大規模な近代的ファクトリーが1906年に設立され、1913年には年間100万足の靴を生産するようになる。1962年までに生産規模は150万足に増加したが、1960年代後半に業績は下降線をたどりはじめ、1973年にルドルフ・サイベル社に売却となった。

EDWARD AND HOLMES　エドワード・アンド・ホームズに関しては、HOLMES OF NORWICH ホームズ・オブ・ノリッジを参照。

EGBERT VAN DER DOES　エフバート・ファン・デア・ドゥース

　オランダ出身のエフバート・ファン・デア・ドゥースはアーティストとして23年間活動し、後にその芸術的な才能と専門学校で学んだ靴づくりの技術を遺憾なく発揮する。ドゥースがつくるオーダーメイドのメンズ＆ウィメンズの靴は、その素材、色、形の独創的かつモダンなコンビネーションで定評がある。

エフバート・ファン・デア・ドゥース
上, 右ページ　様々な色と素材を用いたオープントウとクローズドタイプのレースアップシューズ。
エフバート・ファン・デア・ドゥースによるデザインと製作、2006年から2009年。

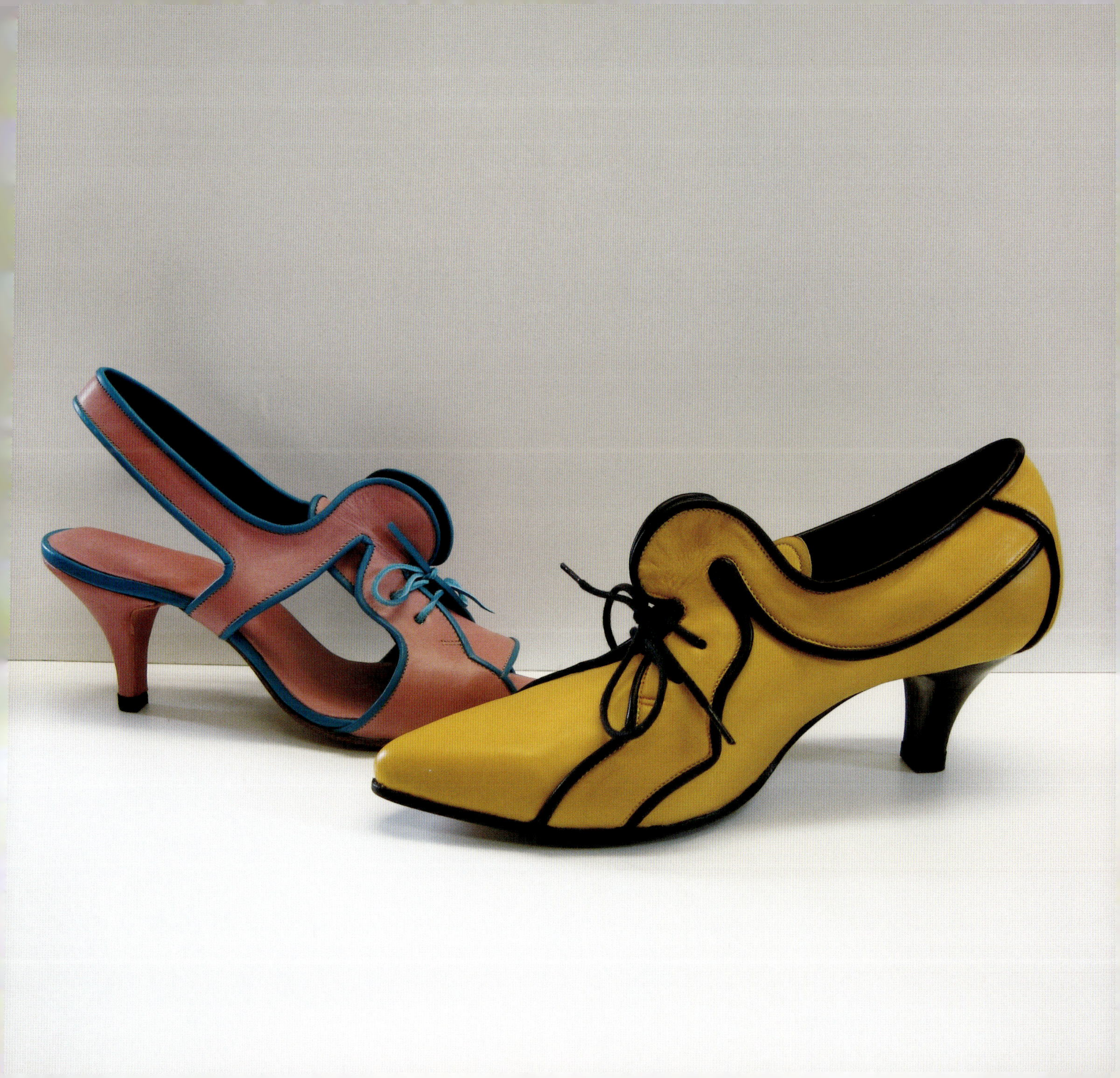

エジェクト
エジェクトの広告、2009年秋冬。

EJECT　エジェクト

　ポルトガルのブランド、エジェクトは都会派の若者をターゲットとして2001年に誕生した。同社の靴は欧州各国およびカナダとニュージーランドで販売されている。

ELATA　エラータ

　1923年にサルヴァトーレ・ニコラッツォがイタリアのカザラーノで創業した靴メーカー。イタリアで他に先駆けて工場組立ラインによる生産方式を導入した。サルヴァトーレが1959年に他界した後も家族経営による事業は続けられ、その後1979年に法人組織となった。ファッション性の高いウィメンズフットウエアを展開している。

ELIZA DI VENEZIA　エリーザ・ディ・ヴェネツィア

　1980年創業のイタリアの靴メーカー。若い女性に向けたトレンド感あふれるスタイルをヨーロッパ、ロシア、アメリカ市場で展開している。

EL VAQUERO　エルヴァッケロ

　イタリアのブランド、エルヴァッケロの靴をガエターノ・ボニファーチョが米国に輸入したことからはじまる。1980年代には、ニューヨークとロサンゼルスを中心におよそ150店舗で販売され、同時に百貨店のニーマンマーカスでも展開された。ボニファーチョは1981年から1989年まで妻と共同経営を行い、離婚後は事業を停止したが1992年にブランドを復活させた。

エルヴァッケロ

上　エルヴァッケロの広告、1985年春。

右　レザーとコットンメッシュに真鍮の星とラインストーンをあしらった
サンダルブーツ、1985年頃。

EMMA HOPE　エマ・ホープ

　イングランド出身のエマ・ホープはロンドンのコードウェイナーズ・カレッジで学び、1984年に初のコレクションを発表した。1987年に最初の3店舗をロンドンでオープンし、2003年には東京にも店を構えた。イタリアで生産されるホープの靴はアンティークのデザインから着想を得たものが多い。ホープはポール・スミス(Paul Smith)やアナ・スイ(Anna Sui)の靴のデザインも手がけている。

ENCORE SHOE CORPORATION　アンコール・シューコーポレーション

　アール・カッツが米国ニューハンプシャー州ロチェスターで1963年に創業したアンコール社は、パパガロスというブランド名でエスパドリーユの製造を行った。チーフデザイナーのアル・シャレットは、コスト重視の20代に向けてトレンド志向のブランド、ゾディアックを立ち上げ、ブルーミングデールズなどで展開した。ゾディアックは1970年代を通してファッションシューズを代表するブランドとなる。しかし1980年代初めには売上、利益ともに低下しはじめ、アンコール社は輸入靴に依存するようになる。ゾディアックのスポーツラインの投入を試みるが成功にはいたらず、同族経営の事業は1992年に売却され、工場は閉鎖された。

エマ・ホープ
エマ・ホープの絵柄入りパンプス、1988年。

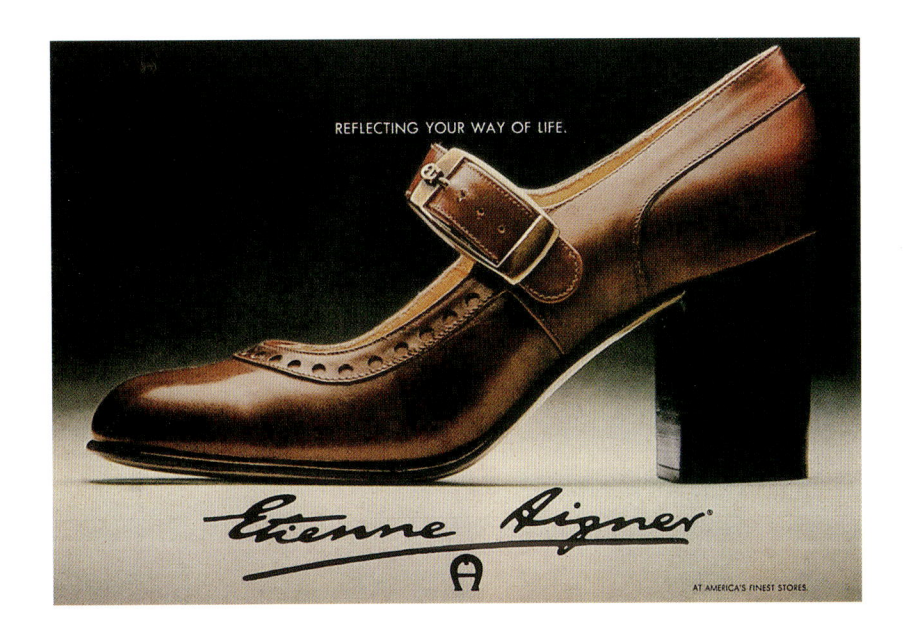

エティエンヌ・アイグナー
エティエンヌ・アイグナーの広告、
1969年秋。

ENNA JETTICKS　エナジェティックスに関しては、
DUNN & MCCARTHY　ダン&マッカーシーを参照。

ENZELLA　エンゼッラ

　エンゼッラは1969年にイタリアのトスカーナ州で輸出用の婦人靴メーカーとして創業。次第に上質な靴の生産が可能になり、正統派ファッションフットウエアのエンツォディシエナと、若々しくモードなラインのティンタ・ウニータの2つのブランドを創設した。

ETIENNE AIGNER　エティエンヌ・アイグナー

　ハンガリー出身のエティエンヌ・アイグナーは、1926年、22才でパリに移り製本や装丁を学ぶ。1949年に渡米してベルトの創作をはじめるが、このときバーガンディのレザーを頻繁に使ったことから、この色は後にアイグナーのシグネチャーカラーとなった。1959年に初の店舗を開き、革小物を展開する。その後、アイグナーはほどなくサンダルの創作をはじめ、1960年代末には社交界の婦人のためにクラシックなスタイルの靴をつくるようになった。

ETIENNE AIGNER　85

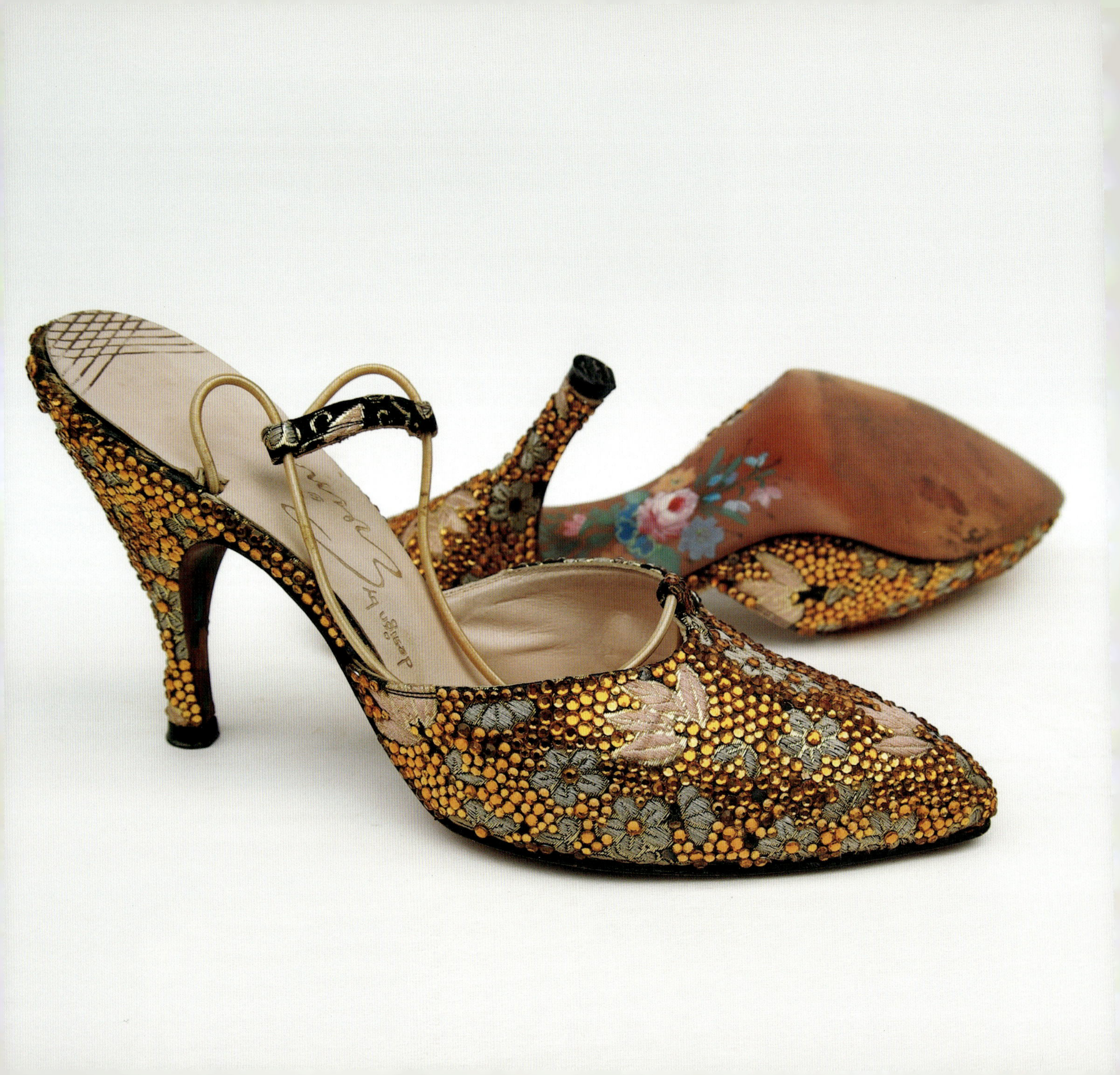

デヴィッド・エヴィンス

左ページ　トパーズのラインストーンを敷きつめたブロケードのスリングバック。ソール部分にも花模様のペイント入り、1958年頃。

下　光沢のあるリューレックス素材のブラックカクテルブーツ、1960年頃。

EVINS, DAVID　デヴィッド・エヴィンス

　デヴィッド・エヴィンスは1909年にイングランドで生まれ、13才で家族とともに渡米した。ニューヨークのプラット・インスティテュートでイラストを学び、『ヴォーグ』誌の仕事をするが、**ハーマン・デルマン**(p.113)にエヴィンスのイラストは誇張しすぎだと非難され解雇となる。デルマンは、「自分でデザインをしたければ、デザイナーとして仕事を請けろ」と言明したという。エヴィンスはパターンメーカーとして仕事をはじめ、自らのアトリエを開設した。第二次世界大戦の兵役中は仕事を中断したが、戦後は兄弟のリーとともにニューヨークでアトリエ、エヴィンス社を再開し、**I・ミラー**(p.116)の靴のデザインをはじめる。靴のロゴにはエヴィンスの名が刻まれた。1949年には靴デザインに対する貢献が認められ、ニーマンマーカス賞とコティ賞をダブル受賞する。また、数々のファーストレディや王族、銀幕のスターの注文靴を手がけた。クローデット・コルベールとエリザベス・テーラーがそれぞれ1934年と1963年に演じたクレオパトラの靴もエヴィンスの作品である。1950年代末にはイタリアの**マリオ・ヴァレンティーノ**(p.234)と提携し、さらにマンボシェ(Mainbocher)、ヴァレンティーナ(Valentina)、チャールズ・ジェイムズ(Charles James)、ジェイムズ・ガラノス(James Galanos)、ノーマン・ノレル(Norman Norell)、バレンシアガ(Balenciaga)、カルバン・クライン(Calvin Klein)、ビル・ブラス(Bill Blass)、ラルフ・ローレン(Ralph Lauren)、オスカー・デ・ラ・レンタ(Oscar de la Renta)、ジェフリー・ビーン(Geoffrey Beene)など、生涯を通じて様々なデザイナーの靴を手がけた。1968年、巨大小売グループの**ジェネスコ**(p.98)に事業を売却するが、自らのブランドのデザインと生産は引き続きエヴィンスが統括した。1975年に**ユナイテッドステイツ・シューコーポレーション**(p.232)の傘下に入った後も、1991年に亡くなる前年まで精力的にデザインと創作活動に没頭した。

FAMOLARE, JOE　ジョー・ファモラーレ

　ジョー・ファモラーレは1932年に生まれ、12才で父親の経営する木型の製造会社で仕事をはじめた。ミュージカルを学んだ後、1960年代前半は**カペジオ**(p.51)で働き、1965年から1968年まで**ユナイテッド ステイツ・シューコーポレーション**(p.232)のブランド、バンドリーノ(Bandolino)の仕事に就く。1969年には起業家に転身してファモラーレ社を設立した。1973年、モールドラバーのクロッグが評価され、コティ賞を受賞する。次いでソールに波型の厚底ラバーを使い、履き心地を良くしたウォーキングシューズ"Get There"を発表した。自転車のロゴをモチーフにしたこのモデルは1975年に爆発的なヒット商品となる。しかし、数年後に発売した3インチヒールのバージョン"Hi There"は前作ほどの支持を得られなかった。"Get There"シリーズはコピー商品が出回ったことで失速し、さらに1980年代のスニーカーブームによってコンフォートシューズの座は奪われた。1987年、ファモラーレはユナイテッド ステイツ・シューコーポレーションにブランド名をライセンス供与した。

ジョー・ファモラーレ
イエローのプラスチックモールド・クロッグ、1974年。

ファリルロビン・フットウエア
ファリルロビンの広告、2009年秋。

FARYLROBIN FOOTWEAR　ファリルロビン・フットウエア

　ファリルロビン・モースによって2002年にニューヨークで設立されたファリルロビン社は、若者をターゲットとして、シーズンごとの定番スタイルにトレンド感を織り込んだ靴を生産している。雑誌媒体による宣伝広告ではなく、主にウェブ上での展開を行う同社では、オンラインストアでの受注が売上のおよそ25パーセントを占める。

FERRAGAMO　フェラガモに関しては、
SALVATORE FERRAGAMO サルヴァトーレ・フェラガモを参照。

FERRAGAMO　89

FIAMMA FERRAGAMO　フィアンマ・フェラガモ

　サルヴァトーレ・フェラガモ(p.202)の長女フィアンマ・フェラガモ(1941-98年)は、16才のときに父親の会社で仕事をはじめ、1960年に父が他界すると自ら中心となって会社を運営した。1967年、フィアンマは自身の最高傑作となる"ヴェラ"(ラウンドトウにグログランのリボンをあしらったフラットパンプス)を発表した。ヴェラはモダンさと伝統的スタイルを兼ね備えたフェラガモのアイコンとなり、フィアンマはその功績を認められてニーマンマーカス賞を受賞した。彼女はほぼ40年間にわたってフェラガモの靴デザインを統括し、父の築いた会社を上流階級のための靴メーカーからグローバルに展開するファッションフットウエアのブランドへと進化させた立役者の1人である。

FIGUEROA, BERNARD　ベルナール・フィゲロア

　ベルナール・フィゲロアは1961年にフランスで生まれ、パリのステュディオベルソーで学んだ。学校では、音符や魚や木の葉などの抽象的なモチーフを使った彫刻的なメタルヒールの靴を創作した。こうした作品がファッションデザイナーのティエリー・ミュグレー(Thierry Mugler)の目に留まり、フィゲロアはコレクションの靴デザインを依頼される。その後相次いで、ヴェラ・ウォン(Vera Wang)、コーチ(Coach)、**シャルル・ジョルダン**(p.58)、アドリアンヌ・ヴィッタディーニ(Adrienne Vittadini)、**ロックポート**(p.191)、クリスチャン・ディオール(Christian Dior)などの靴をデザインした。1992年にビスポークのクチュール靴ブランド、フィゲロアを設立。ハンドクラフトのヒールの彫刻的造形がブランドの特徴となる。2000年にマイケル・コース(Michael Kors)の靴のチーフデザイナーに抜擢され、次いで2007年にはペイレスシューソースの婦人靴部門デザインディレクターに就任した。

FINSK　フィンスク

　フィンランド生まれのイギリス人デザイナー、ジュリア・ランドセンは、ロンドンのロイヤル・カレッジ・オブ・アートを卒業した翌年の2004年、オリジナルブランドのフィンスクを立ち上げた。建築家の父とインテリアデザイナーの母を持ち、幼少期からモダンデザインに囲まれて育った経験は、彼女のコンテンポラリーな作品に反映されている。独創的かつ環境に配慮した素材を用いたフィンスクの靴はまさに地球に優しいデザインと言える。

フィンスク
ブラックポニーの
プラットフォーム・アンクルブーツと
マルチカラー・スエードの
バックジッパー付きウエッジ、
2009年秋冬。

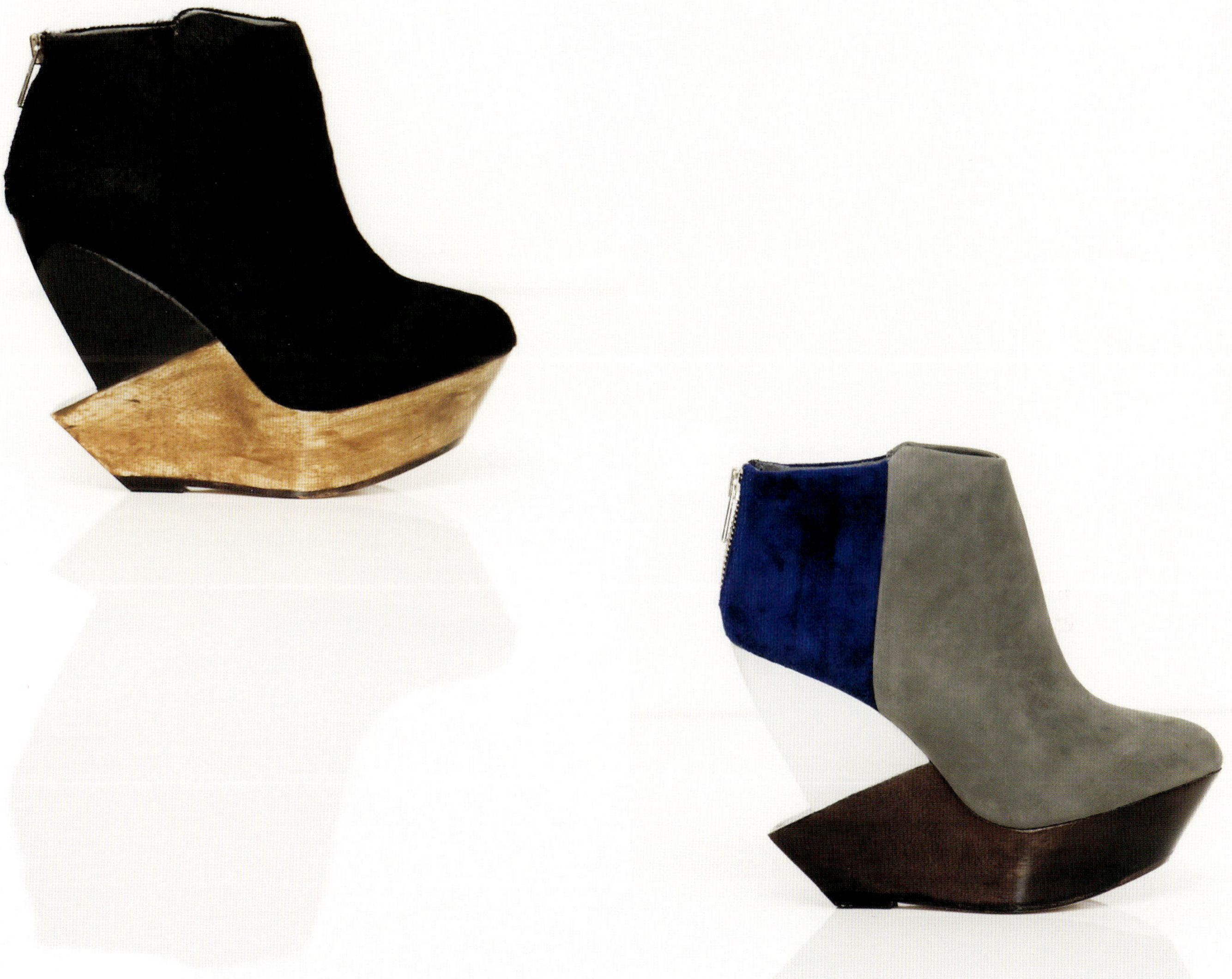

FLORSHEIM　フローシャイム

　1856年にドイツ系移民のシグムンド・フローシャイムがシカゴで小売店として創業。1892年にシグムンドの息子が高級紳士靴の製造をはじめる。その後フローシャイムは婦人用パンプスとオックスフォードの生産も手がけるようになるが、1953年にインターコ社に売却となり、経営は創業者一族の手から離れた。1963年には、フローシャイムはアメリカの高級靴市場で大きなシェアを占めていたが、まもなく安価な輸入靴に押され、1991年には倒産の危機に立たされる。1993年、いわゆる"ブラウンシューズ"と呼ばれるスポーツカジュアル市場に参入したが、大成功にはいたらなかった。1999年にアメリカでの生産はすべて廃止され、2002年にはナン・ブッシュ、ステイシーアダムス、ブラスブーツといった紳士靴ブランドの小売および卸販売を行うウェイコグループの傘下となった。

FOX & FLUEVOG　フォックス&フルヴォグに関しては、
PETER FOX, JOHN FLUEVOG ピーター・フォックス、ジョン・フルヴォグを参照。

FRANÇOIS VILLON　フランソワ・ヴィヨン

　フランソワ・ヴィヨン（1911-97年）はアンドレ・ペルージャ(p.20)のチーフデザイナーを務めた靴職人バンヴェニストのデザイナー名である。1960年、ヴィヨンは自らのアトリエをパリのフォーブル・サントノーレ27番地に開設した。1960年代末にはサイハイブーツを創作し、後にルイ・フェロー（Louis Feraud）、エルメス（Hermès）、シャネル（Chanel）、テッド・ラピドス（Ted Lapidus）、ジャン・パトゥ（Jean Patou）、ニナ・リッチ（Nina Ricci）、ジャン＝ルイ・シェレル（Jean-Louis Scherrer）、ランバン（Lanvin）など、クチュリエの靴デザインを手がける。ヴィヨンはミラノ、ニューヨーク、シンガポール、香港にサロンを開き、生涯仕事を続けた。

FRANSI　フランシー

　1936年にデンマークで創業した靴メーカー。生産は後にイタリアとスペインに移るが、マーケティングとデザインは引き続きコペンハーゲンの本社で行う。1993年にはスカンジナビア市場に向けたブランド、ビリービー（Billi Bi）を創設した。

フローシャイム
フローシャイムの広告、1954年秋。

フラテッリ・ロセッティ
フラテッリ・ロセッティの広告、
1983年春。

FRATELLI ROSSETTI　フラテッリ・ロセッティ

　レンツォとレナートのロセッティ兄弟は、1953年にミラノ近郊のパラビアゴでフラテッリ・ロセッティを設立した。2人は1960年代にイタリア製紳士靴の輸出を推進するうえで先駆的役割を果たした。(一方で婦人靴の輸出は1950年代から順調に推移していた。)だが彼らの真の成功は1970年代にあると言える。2人は紳士靴で培ったクラフトマンシップの伝統をもとに、メンズシューズのテイストを取り入れたウィメンズのラインを立ち上げ、同時にキャンバス素材のライニングで素足でも履くことができるローファーを発表した。後にレンツォの3人の息子が事業を拡大し、顧客リストにトム・クルーズ、パロマ・ピカソ、ローレン・バコールなどが名を連ねるグローバルブランドへと成長させた。

FRED SLATTEN　フレッド・スラッテン

　フレッド・スラッテンは米国百貨店ノードストロームのバイヤー職を経た後の1970年、48才でウエストハリウッドのサンタモニカ・ブルバード8803番地に靴店を開いた。店では自らデザインした独創的な靴を展開し、さらに若手女優やロックグループ、グラビアモデル、ロサンゼルスの映画やテレビの撮影所に大胆な厚底プラットフォームなどのエッジィな靴を提供した。フレッド・スラッテンの靴はサリー・ストラザーズからエルトン・ジョンまで幅広い顧客から支持を得た。1992年にブティックは閉店となるが、スラッテンはフリーランスでエックスイットやピュアショコラなどのブランドのデザインを続けた。

フレンチソール
様々なメタリックカラーで展開される
バレリーナシューズ、2010年。

フライ
19世紀のスタイルをもとにした
フライの現代版レザーブーツ。
キャンパス(中)、ハーネス(右)、
ジェーンステッチ(下)、2000年代。

FRENCH SOLE　フレンチソール

　1989年に靴デザイナーのジェーン・ウィンクワースによって創業。フレンチソールはバレリーナと呼ばれるフラットシューズの製造販売を行う。当初はロンドンのチェルシー地区にあるウィンクワースの自宅地下室を工房としたが、ダイアナ元英国皇太子妃をはじめとする根強いファンに支持されて事業は急成長し、1991年にはフラムに、次いで1997年にはスローンストリートに出店した。フレンチソールの靴はもともとフランスで生産されていたが、現在は一部をスペインに移転している。一貫してバレリーナシューズだけをつくり続ける姿勢は変わらないが、その素材、色、柄は多様化し、あらゆる種類におよんでいる。

FRYE　フライ

　1863年創業のフライは、現存する米国靴メーカーの中でも屈指の老舗会社であり、1945年まで創業家による経営が続けられていた。南北戦争下では両軍の騎兵隊がフライのウェリントンブーツを履いて戦地に赴き、それが19世紀後半に登場するカウボーイブーツの原型になったスタイルの1つとされる。キャンパスと呼ばれるオリジナルのデザインは1960年代にリバイバルし、再び人気を集めた。

GABOR　ガボール

　ガボールは1949年にハンブルグ近郊のバルムシュテットで創業した家族経営の会社で、現在はローゼンハイムを本拠地としている。ファッション性が高く履き心地に優れたガボールのブーツやシューズはドイツとオーストリア、さらに1990年代以降はポルトガルとスロバキア共和国で生産されている。

GABRIELE SHOE FACTORY　ガブリエーレ・シューファクトリー

　1930年代にジョヴァンニ・ベニによって設立されたイタリアの靴メーカー。1988年以降は創業者の孫であるガブリエーレ・ベニが運営を引き継ぎ、1995年に現在の社名で知られるようになる。ローヒールでデザイン性の高いウォーキングシューズを専門に扱っている。

GAMBA　ギャンバ

　英国の舞台用ダンスシューズメーカー、ギャンバは1903年にロンドンのコヴェントガーデンで創業。他の多くのダンスシューズブランドと同様に、ギャンバもボールルーム専用のスタイルから街で履ける靴へと飛躍し、1970年代にはファッションシューズの販売をはじめた。

GARDENIA　ガーデニア

　デンマークのコペンハーゲンで1941年にクロッグ靴を生産するメーカーとして創業。ガーデニアは1950年代に成長し、その事業は成功を収める。現在、ガーデニアの他に、よりトレンドを意識したシュービズというブランドで靴の生産を行っている。

ギャンバ

上　ギャンバの広告、1976年春。

左　ギャンバの広告、1976年秋。

GAROLINI　ガロリーニ

ガロリーニはアルベルトとビディ・フィンケルシュタインによって1970年に設立された。**フローレンス・オトウェイ**(p.175)が1974年に靴デザインを担当しはじめたとき、同社を"醜い靴をつくる小さな会社"と評した。しかし1976年にオトウェイが退くと、イタリアで生産されるガロリーニの靴はディスコブーム時代のヒット商品となり、まもなくホルストン(Halston)やフェンディ(Fendi)の靴のライセンス生産権を得る。さらに『ヴォーグ』誌掲載の広告ヴィジュアルでは、グリッターが煌くガロリーニの靴のイラストをアンディ・ウォーホルが手がけた。1984年、同社は**ユナイテッドステイツ・シューコーポレーション**(p.232)に売却となった。

GEMINI　ジェミニ

ブルーノ・メリアーニによって1971年にイタリアのピサ近郊で設立された靴メーカー。米国への輸出用婦人靴を製造する同社は、現在、主にグリッターピンクと(創業者の娘でデザイナーの名にちなんだ)ジャンナ・メリアーニの2ブランドを展開する。ジャンナの靴はヴィンテージデザインの影響を色濃く受けたものが多い。ジェミニ社は、アン・クライン(Anne Klein)、アン・クラインII(Anne Klein II)、イヴ・サンローラン(Yves Saint Laurent)、**グッチ**(p.105)、マックスマーラ(Max Mara)、マイケル・コース(Michael Kors)、バーバリー(Burberry)、ポール・スミス(Paul Smith)など、多くの有名ブランドとのコラボレーションを継続し、一方1998年にはヴェネツィアでジャンナ・メリアーニの1号店を開いた。

GEMINI GROUP　ジェミニグループ

ヴィットリオ・タッフォーニが1969年に創業した靴メーカー。創業当初、イタリアはマルケ地方の同社ビルに隣接する17世紀建築の塔にちなんで、ラトッレ(イタリア語で"塔"の意)と呼ばれた。後に社名をジェミニグループに変更し、現在はラトッレとカンミーナという2つのブランドを展開している。

ガロリーニ
ガロリーニの広告、1983年春。

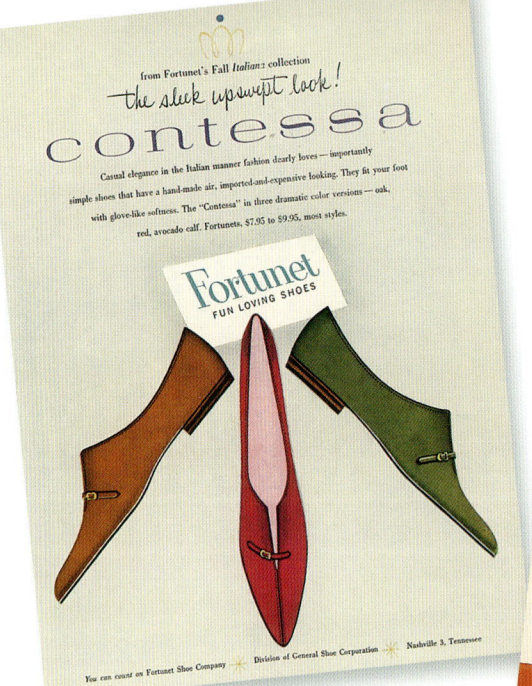

ジェネスコ
ジェネスコが展開した
数多くのブランドの1つ、
コンテッサの広告、1955年秋。

ジョージ・E・キース
数十年にわたる主力ブランド、
ウォークオーバーの広告、1950年秋。

GENESCO　ジェネスコ

　ジェネラル・シューカンパニーはジェイムズ・ジャーマンによって1924年に設立され、息子のマクシーによって事業は拡大された。企業の成長に伴ってジョンストン＆マーフィーやデルマン(**ハーマン・デルマン**〈p.113〉を参照)を買収し、**シャルル・ジョルダン**(p.58)の米国での販売権を得る。さらにマドモワゼルなど自社ブランドの開発も同時に進めた。後にアパレルを含む多様化事業に乗り出し、社名をジェネスコに変更する。しかし1990年代には、ウェスタンブーツやノーティカ(Nautica)ブランドといったメンズのフットウエアに再び注力を傾けた。近年、事業規模の縮小が続く同社だが、現在はチェーン店のドッカーズ、ジャーニーズ、アンダーグラウンド・ステーション、ジョンストン＆マーフィーなどを展開している。

GEORGE E. KEITH　ジョージ・E・キース

　ジョージ・E・キースは1874年、米国マサチューセッツ州ブリッジウォーターにグリーン・アンド・キース社を設立した。19世紀末には、"ウォークオーバー"ブランドでグッドイヤーウェルト製法の紳士靴を世界各国に輸出し、1912年以降は同ブランドで婦人靴も展開した。同社の名は、1950年代に"コルビー"ブランドが発売したホワイトバックスで広く知られるようになった。1997年にデクスターシューズの傘下となる。

ジョルジーナ・グッドマン
スティレットヒールの
プラットフォームパンプス、
2009年秋冬。

GEORGINA GOODMAN　ジョルジーナ・グッドマン

　ジョルジーナ・グッドマン（1965年生まれ）はスタイリストとして働いた後、1996年からロンドンのコードウェイナーズ・カレッジで靴のデザインを学んだ。2003年に発表したデビューコレクションでは、オレンジの皮のようなマテリアルを重ねてアッパーを形づくり、ステッチを施した靴やブーツを披露した。最新コレクションでは、クラシックな定番スタイルとモダンなクチュールスタイルの両方を展開している。

GERARDINA DI MAGGIO　ジェラルディーナ・ディ・マッジョ

1997年に設立されたイタリアのラグジュアリーブランド。"ロック&シック"をテーマとした2010年コレクションに象徴されるように、セクシー、ハイクオリティ、ハイセンスかつエッジィな靴を求める女性に向けて発信している。

ジーナ
上、右ページ　ラインストーンを敷きつめた
ピープトウとクローズドトウの
プラットフォームパンプス、2009年秋冬。

GIANMARCO LORENZI　ジャンマルコ・ロレンツィ

　ミラノにショールームを構えるイタリアのブランド、ジャンマルコ・ロレンツィは1970年代半ばに誕生したが、1990年代後半にようやくその名が広まった。2001年に米国市場に参入し、現在では世界各国の高級店で販売されている。ジョヴァンニ・レンツィがコレクションのクリエイティブディレクターを務める。

GIANNA MELIANI　ジャンナ・メリアーニに関しては、GEMINI ジェミニを参照。

GINA　ジーナ

　メーメット・クルダッシュは1893年以来靴づくりに携わる家系に生まれる。1954年にロンドンで靴メーカーを創業し、お気に入りの女優、ジーナ・ロロブリジーダにちなんで社名をジーナとした。現在は3人の息子、アッティラ、アイディン、アルタンがデザインから会社経営、ロンドンの2店舗（1991年オープンのスローンストリート店と1999年オープンのオールドボンドストリート店）の運営までを取り仕切っている。

GIORGIO MORETTO　ジョルジオ・モレット

　ウィメンズの靴とバッグのラインに対して、1986年にプラダ(Prada)が商標登録を行ったブランドネーム。

GISAB　ジサブ

　イタリアのバルレッタで、1965年からインジェクションモールド製法でカジュアルシューズを製造する靴メーカー。展開ブランドに、エロス、コンフォート、ウルト、ニューサニー、フリー・トゥ・ムーブ、トレンディがある。

GIUSEPPE ZANOTTI　ジュゼッペ・ザノッティ

　イタリアのサンマウロ・パスコリで生まれる。クリスチャン・ディオール(Christian Dior)でデザイナー見習いを経験し、その後ロベルト・カヴァリ(Roberto Cavalli)、ミッソーニ(Missoni)、ヴェラ・ウォン(Vera Wang)のコンサルタントを経て1993年に自らの名を冠したブランド、ジュゼッペ・ザノッティ、次いでヴィチーニ(Vicini)を立ち上げた。

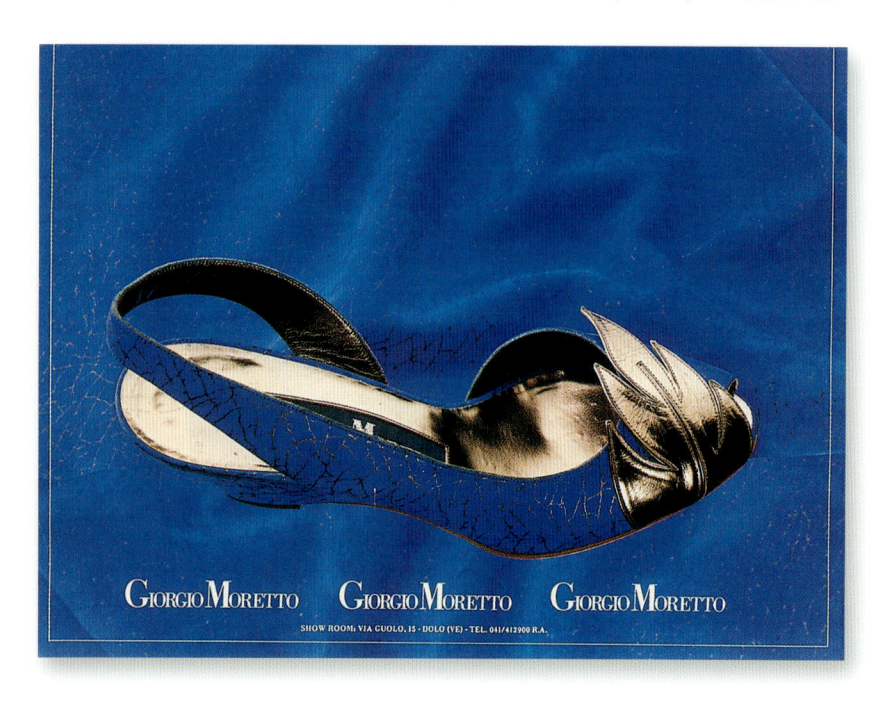

ジョルジオ・モレット
ジョルジオ・モレットの広告、1986年春。

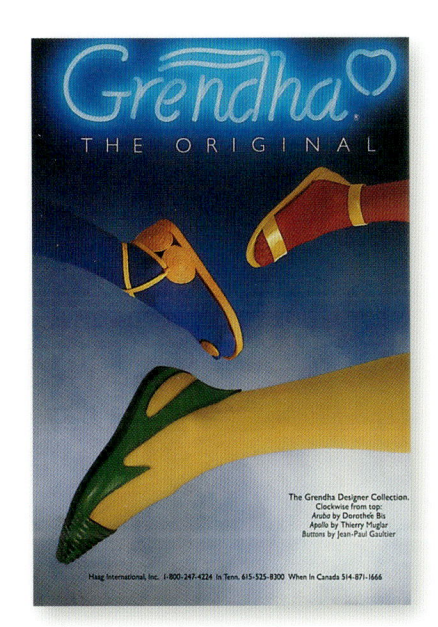

GOLO　ゴーロ

　ドイツ系移民のアドルフ・ハイルブランは、1915年にニューヨークでゴーロスリッパ社を設立した。1940年代にグッドイヤーウェルト製法によるカジュアルな婦人靴を開発したが、それがファッションフットウエア市場で人気を得たのは、1960年代に創業者の孫にあたるアーサー・サミュエルズ・ジュニアの代になってからだった。彼は**デヴィッド・エヴィンス**(p.87)のもとで経験を積み、ゴーロをブーツのトップブランドへと進化させた。とくにゴーゴーブーツは、そのデザイン性、画期的なジッパー使いとストレッチ素材で有名となった。ゴーロは1986年にフットウエアの製造を中止し、後にブランドもその幕を閉じた。

GRAVATI　グラヴァティ

　1909年に上質なメンズドレスシューズのメーカーとしてミラノで創業。現在、グラヴァティはウィメンズのレースアップシューズの製造も行っている。

GRENDENE　グレンデーネ

　1971年にブラジルのファロピーリャでアレキサンドレとペドロ・グレンデーネ・バルテーリによって設立。プラスチック製ワインボトルカバーの製造から、やがてジェリーと呼ばれるプラスチックモールドのサンダルの開発をはじめ、それが1980年代中頃に爆発的な人気商品となった。1979年に"メリッサ"ブランドを立ち上げ、最近ではジュディ・ブレイム、エドソン・マツオ、アレキサンドレ・ヘルコビッチ、フェルナンド＆ウンベルト・カンパーナなど、デザイナーとのコラボレーションを実現し、革新的なPVC素材のデザインシューズをグローバルなファッション市場に向けて発信している。

グレンデーネ
上　ジェリーサンダルの広告、1985年春。

右　グレンデーネ社製、ティエリー・ミュグレーの赤いジェリーサンダル。1985年。

グレイメール
パテントレザーにファセットヒールの
パンプス、2009年秋冬。

GREY MER　グレイメール

　グレイメールは、1980年にイタリアのフォルリ・チェゼーナ県サンマウロ・パスコリで設立された。グレイメールおよび姉妹ブランドでリーズナブルなマギー・ジーという2つのブランドを展開し、ラグジュアリー市場に向けてモードなウィメンズフットウエアを生産している。

GUCCI　グッチ

　創業者のグッチオ・グッチ(1881-1953年)は、第二次世界大戦前にフィレンツェで馬具と旅行鞄の製造を行い、革不足の時代にはペイントしたキャンバス素材で代用を試みていた。グッチオ・グッチがこの世を去ると家族が事業を拡大し、1953年にニューヨークに出店、1957年に飾り金具をつけたモカシン(創業者が英国馬術を愛好したことから、インステップに馬具の一種"ホースビッド"のチェーンがついている)を発表した。このスタイルは当初ブラックとブラウンのレザー製で、紳士靴のみの展開だったが、1989年にグッチは同デザインで女性用にアレンジしたスタイルを様々なカラーバリエーションで発表した。

GUIDO PASQUALI
グイド・パスカーリ

　グイド・パスカーリはミラノのボッコーニ大学で応用力学と工学を学び、1967年、祖父が1918年に設立した事業の後を継いだ。1970年代には、ウォルター・アルビーニ(Walter Albini)、ジョルジオ・アルマーニ(Giorgio Armani)、ミッソーニ(Missoni)などイタリア人デザイナーの靴を手がけた。グイド・パスカーリの上質でトレンド志向のファッションフットウエアは、ミラノの直営店で販売されている。

グッチ
グッチの広告、1979年秋。

グイド・パスカーリ
グイド・パスカーリの広告、1988年秋。

GUILLAUME HINFRAY　ギヨーム・ヒンフレイ

　フランス生まれのデザイナー、ギヨーム・ヒンフレイは、バイキング、ジャンヌ・ダルク、ドイツ占領下のフランスなど歴史的背景から靴デザインの発想を得ている。エルメス (Hermès) やランバン (Lanvin) でオートクチュールのデザインを経験したヒンフレイが創作する靴は、最高級の素材と卓越したクラフトマンシップを特徴とする。1991年、ヒンフレイはマルコ・チェンシとともに**サルヴァトーレ・フェラガモ**(p.202)のウィメンズシューズ部門チーフデザイナーに抜擢された。2000年からアマテラス、次いで2003年からギヨーム・ヒンフレイを展開する他、ボッテガヴェネタ (Bottega Veneta) やロートルショーズ (L'Autre Chose) など、他ブランドのデザインも手がけている。

GUY RAUTUREAU　ギ・ルートゥロウに関しては、
RAUTUREAU ルートゥロウを参照。

ギヨーム・ヒンフレイ
スエードと布帛で仕立てたプラットフォームサンダル"アーヴル"、2010年春夏。

ギヨーム・ヒンフレイ

右　バックルとメタル飾りのついた黒の
レザーハイヒール"イレール"、2010年春夏。

下　アンクルストラップのついた黒のレザースティレットサンダル
"ヴォルテックス"、2010年春夏。

H. & R. RAYNE　H&R・レイン

　1880年代に舞台用の靴メーカーとして創業したH&R・レインは、1930年代には英国王室御用達の靴ブランドにまで発展する。ライセンス生産の先駆けとなった同社は、1957年、**ロジェ・ヴィヴィエ**(p.192)がデザインするクリスチャン・ディオール(Christian Dior)の靴をライセンス生産する契約を結んだ。1959年と1978年にはウェッジウッド(Wedgwood)とも同様の契約を交わし、有名なカメオ細工をヒール部分にあしらった靴を発表した。さらにジーン・マシューをチーフデザイナーに起用し、ハーディ・エイミス(Hardy Amies)、ノーマン・ハートネル(Norman Hartnell)、マリー・クヮント(Mary Quant)、ビル・ギブ(Bill Gibb)、ブルース・オールドフィールド(Bruce Oldfield)、ジーン・ミュア(Jean Muir)など、ファッションデザイナーのコレクションの靴を手がけた。1973年に大手百貨店デベナムズの傘下となるが、経営判断力の乏しさからレインは競合他社に対して苦戦を強いられる。メーカーではなく小売専門となったレインは、1994年に事業の幕を閉じた。

H. H. BROWN　H・H・ブラウン

　1883年に米国マサチューセッツ州でヘンリー・H・ブラウンによって創業。1927年にレイ・ヘファナンに売却され、その経営は1989年まで続いた。H・H・ブラウンは1991年に米国投資家のウォーレン・バフェットによって買収され、投資会社バークシャー・ハサウェイの子会社となる。2002年、ウィメンズのコンフォートシューズを扱うブランド、ソフトが新設された。現在、H・H・ブラウンのカジュアルなワークシューズやドレスシューズ、ブーツなどはアクメ、ブランズウィック、カロライナ、コーコラン、デクスター、ダブルH、マッターホルン、クヮーク、ルーネなど様々なブランドで販売されている。H・H・ブラウンはボック(Bøc)や**ボーン**(p.42)の靴の製造も行う。

HELLSTERN　エルスタン

　1870年代にルイ・エルスタンによってパリで創業。エルスタンは上質な紳士靴と婦人靴でその名が知られるようになった。ルイの息子、シャルルの代になった1920年代にはエレガントなデイシューズやイヴニングシューズを展開し、ブリュッセル、ロンドン、カンヌにブティックを構えて事業は最盛期を迎える。しかし第二次世界大戦後に経営は傾き、1970年に最後のブティックが閉店となった。エルスタンの靴は限定生産であり、わずかに残った数足はコーディネートされたイヴニングドレスとともに美術館に寄贈された。

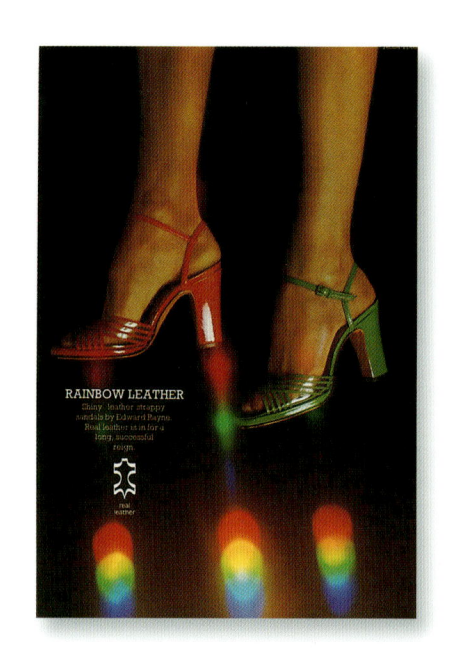

H&R・レイン
上　H&R・レインの広告、1974年夏。

右ページ　白のシルク地にラインストーンを散りばめた、H&R・レインのブランド"ミス・レイン"のイヴニングシューズ。1960年代初め。

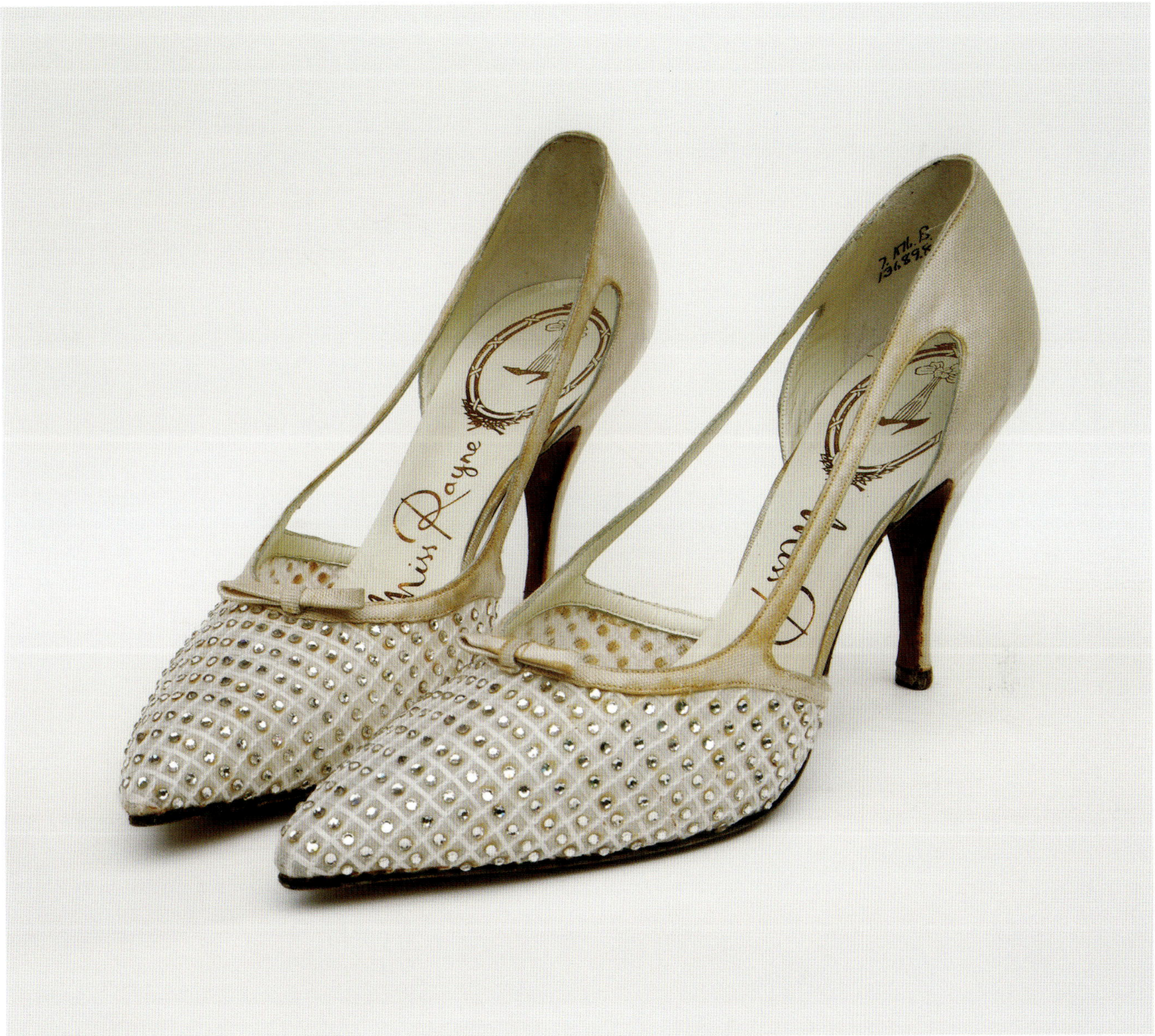
Miss Rayne

HERBERT LEVINE　ハーバート・レヴィーン

　ジャーナリストのハーバート・レヴィーン(1916-91年)と妻で靴のモデルをしていたベス(1914-2006年)は、1948年に靴ブランドを設立した。ハーバートが経営を取り仕切るかたわら、ベスはデザインを担当した。コレクションを立ち上げてまだ6年の1954年、ハーバート夫妻の靴デザインへの貢献が認められ、ニーマンマーカス賞を授与される。同社は、1950年代にスプリング・オ・レーター(Spring-o-lator)と呼ばれるミュールや、ストッキングブーツ(タイツやストッキングにソールやヒールを一体化させたもの)を発表した。また1960年代にファッションブーツの人気を再燃させたことで、1967年にコティ賞を受賞する。レヴィーン夫妻の強みは、1957年に発表したポインテッドトウに象徴されるように時勢を読む先見性にある。遊び心あふれるヒール、ラインストーンを散りばめたパンプス、ビニールやアクリルのような未来的な新素材などがハーバート・レヴィーンのデザインアイコンとなった。1964年、ベスは宙を跳んで歩くような感覚の流線型ソールを配した"カブキ"パンプスを発表。また、3人の米国ファーストレディ、ジャクリーン・ケネディ、レディ・バード・ジョンソン、パトリシア・ニクソンの靴のデザインも手がけた。さらにナンシー・シナトラが1966年のヒット曲『These boots are made for walkin(邦題「にくい貴方」)』で着用した有名な白のゴーゴーブーツもベスの作品である。レヴィーン夫妻は1973年に2度目のコティ賞を手にするが、変わりゆく市場と輸入靴の台頭で1975年には事業に終止符を打った。

ハーバート・レヴィーン
左上　赤いスエードに金色の木製プラットフォームを配した"カブキ"パンプス、1964年。

上　ハーバート・レヴィーンの広告、1954年夏。

ハーバート・レヴィーン
ナイロンの格子柄網タイツに
アクリル樹脂のヒールをつけたブーツ、
1960年代末。

ハーマン・デルマン

左　ハーマン・デルマンの広告、1952年秋。

下　ピンクのレース＆レザー製のパンプス、1960年頃。

ハーマン・デルマン
赤いラインストーンを敷きつめた
パンプス、1960年代中頃。

HERMAN DELMAN　ハーマン・デルマン

　ハーマン・デルマンは1895年に米国オレゴン州ポートランドで靴店を営む家庭に生まれる。1919年にニューヨークのマディソンアヴェニューに靴店を開いたことが彼のキャリアの第一歩だった。デルマンの成功は、デザインとビジネスの両方の才能を併せ持つ稀有な存在だったことにある。彼は、ブランドの認知度を高めるためには、たとえ最高級専門店のバーグドルフ・グッドマンで販売する靴にさえも自分の名を入れる必要性を理解していた。1936年、イギリス市場に向けた生産のために**H&R・レイン**(p.108)とライセンス契約を交わす。1938年には新進気鋭の**ロジェ・ヴィヴィエ**(p.192)の才能を見いだし、彼のデザインの多くを買い取って"デルマン"ブランドで展開した。1954年、経営権を**ジェネスコ**(p.98)に売却。ブランドとしては1960年代まで成功を続けたが1970年代には勢いが衰え、1988年に終焉を迎える。しかし**ニーナフットウエア社**(p.172)が1989年にブランドを買い取り、エレガントで上質なフットウエアの伝統を復活させた。

ヘスター・ファン・エーハン
ブルーのレザーを切り込み、紐で結んだ
"ラドウィグ"デザインの靴
（レオ・ボトマによる写真）、2009年。

エロー
エローの広告、1974年秋。

HESTER VAN EEGHEN　ヘスター・ファン・エーハン

　アムステルダムを拠点に活動するヘスター・ファン・エーハンは1987年から革小物をデザインし、ヨーロッパ各国のショップで展開していた。2000年にモード感あふれる靴のデザインをはじめ、イタリアにおいて手作業で生産している。

HEYRAUD　エロー

　エローは1927年にフランスで近代的な靴メーカーとして設立され、アメリカ製の機械設備による大量生産方式を採用してファッションフットウエアを生産した。1930年代から1950年代に"プレシオーサ"ブランドで**バリー**(p.29)やその他のハイエンド既製靴ブランドと競合する。1993年にフランスのアパレル企業エラム社の傘下に入った。

HILL AND DALE ヒル・アンド・デールに関しては、
DUNN & MCCARTHY ダン&マッカーシーを参照。

HÖGL ヘーゲルに関しては、
LORENZ SHOE GROUP ローレンツ・シューグループを参照。

HOLMES OF NORWICH ホームズ・オブ・ノリッジ

　ヘンリー・ニコラス・ホームズは1868年にイングランドのノリッジで生まれた。ブーツや靴の工房で見習い修行をした後、1891年にW・E・エドワーズと共同で事業を興した。エドワーズの自宅の一室からはじめた事業は、やがてイングランド最大規模の靴メーカーに成長し、エドワード・アンド・ホームズと、ホームズ・オブ・ノリッジという2つのブランドを展開した。後にブリティッシュ・シューコーポレーションの傘下となる。

HUSH PUPPIES ハッシュパピーに関しては、
WOLVERINE ウルヴァリンを参照。

ホームズ・オブ・ノリッジ
ウエッジヒールに繊細な銀細工を施した黒のスエードパンプス、1958年頃。

I. MILLER　I・ミラー

　イスラエル・ミラーはロシアに生まれ、渡米後、ニューヨークでイタリア人職人から靴づくりを習う。1880年に家族経営の事業を興し、店舗兼ファクトリーをマンハッタン23丁目に開いて舞台用フットウエアを製造販売した。1940年代までにI・ミラーは、**アンドレ・ペルージャ**（p.20）や**デヴィッド・エヴィンス**（p.87）などのフリーランスデザイナーや、マーガレット・クラーク（**マーガレット・ジェロルド**〈p.154〉参照）などインハウスの有能なデザイナーが創作したファッションフットウエアでその名が知られるようになる。I・ミラーで記憶に刻まれるのは、1950年代末に若き日のアンディ・ウォーホルを起用したウィンドーディスプレイや、靴のイラストを入れたクリスマスカードである。1960年代にはミラー・アイと名づけたブランドで、若年層市場に参入した。1973年、**ジェネスコ**（p.98）に売却されてレイン事業部の傘下となるが、1980年代初めにその事業の幕を閉じた。

ICON　アイコン

　1999年11月、百貨店のニーマンマーカスはアンディ・ウォーホルの有名な作品、キャンベルスープのイラストが入った靴を1足260ドルで販売した。クリエイションを手がけたピーター・トレイナーが皮革に図柄をプリントする手法を考案して生まれたこのシリーズは、ハリウッドスターに愛用されて瞬く間にヒット商品となり、2001年にはアイコンというブランド名で全米および世界各国で商品展開された。

I・ミラー
I・ミラーの広告、1958年春。

インターナショナル・シューカンパニー
インターナショナル・シューカンパニーの
ブランド、アクセントシューズの広告、
1959年夏。

ILIAN FOSSA　イリアン・フォッサ

1972年にパッツィ・アルベルトがイタリアのポルト・サンテルピーディオで靴メーカーを創業し、1988年に同社のブランド、イリアン・フォッサを立ち上げた。現在は息子のシモーネとアンドレアが事業を引き継いでいる。

INTERNATIONAL SHOE COMPANY
インターナショナル・シューカンパニー

　セントルイスを拠点とするインターナショナル・シューカンパニーは小規模な企業の合併によって1911年に設立され、その後も買収を繰り返して拡大した。同社が所有した1950年代から1960年代の代表ブランドに**クイーンクオリティ**(p.185)がある。インターナショナル・シューカンパニーは1953年に**フローシャイム**(p.92)の所有権、1954年にカナダのサヴェッジシューズ社の全普通株式を取得する。1961年には91ヶ所に靴製造工場、製革所、保管倉庫を持ち、3万3000人の従業員を雇用するまでに発展した。家具の生産にも参入して多角化をはかり、1966年にインターコ社と改名した。しかし1984年には米国内のフットウエア生産の落ち込みと景気後退が相まったため、インターコ社は事業の再編を余儀なくされた。1986年にコンバース(Converse)を買収したものの、1987年にフローシャイムを除いたフットウエア事業から撤退する。1994年にはフローシャイムとコンバースを売却し、すべてのフットウエア生産を廃止した。

IRREGULAR CHOICE　イレギュラーチョイス

　デザイナーのダン・サリヴァンは、1999年にイングランド南部の海岸を臨む町ブライトンで、イレギュラーチョイスというオリジナルブランドの靴店をオープンした。現在はロンドンとニューヨークに出店し、ポップでカラフルな日本のゴシック＆ロリータファッションをイメージした靴を創作している。サリヴァンは自身のブランドでエクスクルーシブなシリーズを展開し、シリアルナンバーをつけた限定モデルも販売している。2004年には新たにメンズラインも創設した。

イレギュラーチョイス
左上　ブラック＆ホワイトのヘリンボーン柄アンクルブーツ、2009年。

上　フローラルモチーフで飾った"コーテザン(花魁)ピンク"のパンプス、2009年。

イザベラ・ゾッキ
靴のデザインスケッチ、2009年。

ISABELLA ZOCCHI　イザベラ・ゾッキ

　イザベラ・ゾッキは1976年にイタリアのヴァレーゼで生まれ、家業の貴金属宝飾メーカーでジュエリーデザイナーとして働く。その後、ミラノのヨーロピアン・インスティテュート・オブ・デザインで学び、シューズデザイン課程を修了した。ゾッキのコレクションには彫刻への造詣の深さが表れ、その靴はイタリアで一点ずつハンドクラフトで仕上げられる。

ISABELLA ZOCCHI　119

J. RENEÉ　J・ルネ

　1970年代末に創業。2つのブランド、J・ルネとジェシカ・ベネットの靴は米国テキサス州キャロルトンでデザインされている。J・ルネは手頃な価格でスタイリッシュかつコンフォートな靴を展開し、ジェシカ・ベネットはトレンド志向のターゲットに向けて発信するブランドである。

JACK ROGERS　ジャック・ロジャース

　1960年代初めにフロリダ州パームビーチの実業家ハリー・ラビンは、サックス・フィフスアヴェニューの元セールス担当ジャック・ロジャースとともに会社を設立した。2人は現地の靴職人を雇ってインディアンのナバホ族が身につけるデザインをもとにサンダルを創作し、ジャック・ロジャース・ナバホというブランドで卸販売を行った。このサンダルはサックス・フィフスアヴェニューの各店で展開され、1962年にはジャクリーン・ケネディが着用していた写真が紹介されたことから旋風を巻き起こした。彼女のバカンス中の定番スタイルとなったこのサンダルは、今なお根強い人気を保っている。

JACQUES KEKLIKIAN　ジャック・ケクリキアン

　ジャック・ケクリキアンは1911年にトルコで生まれ、1920年代は靴職人の兄弟のもとで働く。1933年に南仏のリゾート地サントロペに移住し、古代の彫像デザインをイメージしたシンプルなサンダルを、(防水のため)油脂を塗付したレザーで創作した。"K. Jacques"と刻印されたケクリキアンのサンダルは、コレットやブリジット・バルドー、ジャン・コクトー、パブロ・ピカソなど、バカンスを楽しむセレブリティの足元を飾ったことで知られる。また、ジャン・シャルル・ド・カステルバジャック(Jean Charles de Castelbajac)、ケンゾー(Kenzo)、ヘルムート・ラング(Helmut Lang)などのランウェイショーでも使用されている。

ジャック・ロジャース
色違いのレザーで展開される
"ナバホ"トングサンダル、2000年代。

ジャック・レヴィーン
リネンに刺繍を施した
スリングバックパンプス、1960年代末。

JACQUES LEVINE　ジャック・レヴィーン

　フォーク・レヴィーンは1936年にニューヨーク州ミドルタウンに会社を設立し、社名をミドルタウンフットウエアとした。まもなくヒット商品となったフェザー飾り付きの室内履きミュールは、現在も生産が続くロングセラーである。1950年代には創業者の息子のジャック・レヴィーンが自身の名を冠したブランドを立ち上げて成功させるが、1970年代には精彩を失くしていく。現在はジャックの息子、ハロルドが事業を継承し、ブランドを再生させている。

ヤン・ヤンセン
下、右ページ　光沢レッドの
スティレットヒールと
プラットフォームが特徴の靴とブーツ、
2009年。

122　JAN JANSEN

JAN JANSEN　ヤン・ヤンセン

　1941年にオランダで生まれたヤン・ヤンセンは、1964年の**ジャンノー**(p.123)での仕事を皮切りにデザインのキャリアをスタートさせた。1969年、レザーのアッパーにクロッグソールを組み合わせた"ウッディ"を発表する。あまりにも模倣品が氾濫したためヤンセンが手放したこのデザインは、1970年代のクロッグブーム再来の先鞭をつけることになった。次に大ヒットしたのがハイヒールスニーカーで、1970年代に一世を風靡したこの靴は全米で100万足の売上となる。1980年代には、もっとも有名な"ブルーノ"のレーベルを含めて年間6つのコレクションをデザインし、世界各国で販売した。その後1990年代にヤン・ヤンセンの名前で展開したコレクションでは、建築と彫刻の要素を織り交ぜたデザインから彼のアヴァンギャルドな側面が表現されている。1996年、ヤンセンの国内外でのファッション事業の功績が称えられ、オランダでもっとも権威あるファッション賞"Grand Seigneur"を授与された。

JEAN-BAPTISTE RAUTUREAU
ジャン=バティストゥ・ルートゥロウに関しては、RAUTUREAU ルートゥロウを参照。

JEANNOT　ジャンノー

　1946年にイタリアのモルフェッタでジョヴァンニ・ポルタによって設立された靴メーカー。ウィメンズの中-高価格帯ファッションフットウエアを生産している。

ジェニー・オー
イラストレーターのサラ・ハウエルによる
手描きのレザー製編み上げサイハイブーツ。
ジェニー・オーのアーティストブーツシリーズ、
2000年代末。

JENNE O　ジェニー・オー

　米国出身のジェニファー・オスターハウトは、ニューヨークのパーソンズ・スクール・オブ・デザインおよびパリで学んだ経歴を持つ。パリではジョン・ガリアーノ(John Galliano)のもとで働き、やがてアクセサリー部門のチーフデザイナーとなる。その後ジバンシィ(Givenchy)でアレキサンダー・マックイーン(Alexander McQueen)の靴デザイン担当を経てロンドンに移り、マックイーンのチーフアクセサリーデザイナーを務めた。2003年にバーレスクの衣装をイメージしたオリジナルブランドのジェニー・オーを設立。

JERRY EDOUARD　ジェリー・エドワール

　"ギリシャ製"のタグがついたジェリー・エドワールの靴だが、ブランドの起源は定かではない。卓越したクオリティを持つエドワールの靴やブーツは、1968年から1972年まで米国の高級店やファッション専門店で販売された。

ジェリー・エドワール
アイボリーのレザーとヘビ革の
パンプス、1969年頃。

ジミー・チュウ
左　スタッズとアイレットを施した黒のフラットサンダル。H&Mとのコラボレート商品、2009年。

下　バックジッパー付きメタリックブルーのスティレットヒール。H&Mとのコラボレート商品、2009年。

JIMMY CHOO　ジミー・チュウ

　ジミー・チュウは1961年にマレーシアの靴職人の家系に生まれ、11才のときに初めて自分で靴をつくる。コードウェイナーズ・カレッジ（現在はロンドン・カレッジ・オブ・ファッションの一部）を1989年に卒業。1990年代初めにビスポークの靴づくりをはじめた。チュウはもっとも有名な顧客であったダイアナ元英国皇太子妃のために"数多の"靴を創作し、チャールズ皇太子との別離後も彼女がその靴を愛用する姿はたびたび目にされた。1996年、英国版『ヴォーグ』誌のアクセサリーエディターを務めたタマラ・イヤーダイ・メロンと共同でイタリア製既成靴ブランドのジミー・チュウを創設し、1998年にはニューヨークに第1号店を開いた。しかし、やがて2人の間には相容れない見解の相違が生まれたため、2001年にチュウは自らの持ち株を売却。バッグにもブランド展開を広げようとする直前のことだった。それ以降彼は"ジミー・チュウ"ブランドのクリエイションには関与しなくなった。2003年、ロンドンのファッションデザイン振興に寄与したとしてOBE（大英帝国四等勲士）の称号を授与される。ジミー・チュウ社はその後も明確な事業方針のもと、勢いを増すとともにブランド認知度を高め、2010年現在、世界各国に100店舗を展開する企業に成長している。

JOAN & DAVID　ジョーン&デヴィッド

　サバーバン・シューズストアで会長を務めていたデヴィッド・ハルパーンは、ハーバード大学で心理学を学ぶジョーンに出会い結婚。ジョーンはボストンの小さな会社で靴デザインの仕事をはじめ、自由でモダンな女性に向けてさり気なくヒールを配したニュートラルカラーのパンプスやオックスフォードシューズを創作した。1977年にジョーン&デヴィッド設立。その翌年にジョーンはコティ賞を受賞する。1982年にメンズラインのデヴィッド&ジョーン、1987年にはディフュージョンラインのジョーン&デヴィッド・トゥーが加わった。2人はニューヨークのマディソンアヴェニューに店舗を構えた1985年を皮切りに、数々の直営店、フランチャイズ店、百貨店のインショップなどに販売網を拡大している。現在、同社はイタリアに本拠地を置く。

ジョーン&デヴィッド
ジョーン&デヴィッドの広告、1985年秋。

JOHANSEN　ヨハンセン

　1876年に米国ミズーリ州セントルイスで創業した靴メーカー。ヨハンセン兄弟によって婦人用ドレスシューズとカジュアルシューズの生産が行われていたが、1999年6月に工場は閉鎖となった。

JOHN FLUEVOG　ジョン・フルヴォグ

　1970年、当時22才のジョン・フルヴォグは、英国人の靴職人でデザイナーのピーター・フォックスと共同でバンクーバーにアヴァンギャルドな靴店を開いた。高感度な若者市場をターゲットとした彼らの靴とブーツは、グラムロックのファン層に支持された。しかし1980年に2人は別々の創作活動の場を選ぶ。1986年、フルヴォグは自身の名を冠した店をシアトルに開き、まもなくトロントとボストンにも出店した。イングランドのジョージ・コックス社によって生産され、ストリートファッション派の若者をターゲットとしたフルヴォグの靴は、1980年代以降パンクスやゴス、ロカビリーズたちの間で人気を呼ぶ。欧州メーカーのダイナミック社とも提携してフルヴォグのブランドを欧州、日本、オーストラリア市場で展開する一方、フルヴォグはコムラグ（Comrags）、アナ・スイ（Anna Sui）、ベッツィ・ジョンソン（Betsey Johnson）などのデザイナーの靴も手がけてきた。

ヨハンセン
左ページ上　ヨハンセンの広告、
1957年春。

ジョン・フルヴォグ
左ページ下　ジョン・フルヴォグの
1998年秋カタログからの抜粋。

右、下　ジョン・フルヴォグ独特の
スプレー(裾広がり型)ヒールのレザーシューズ、
1992年秋。

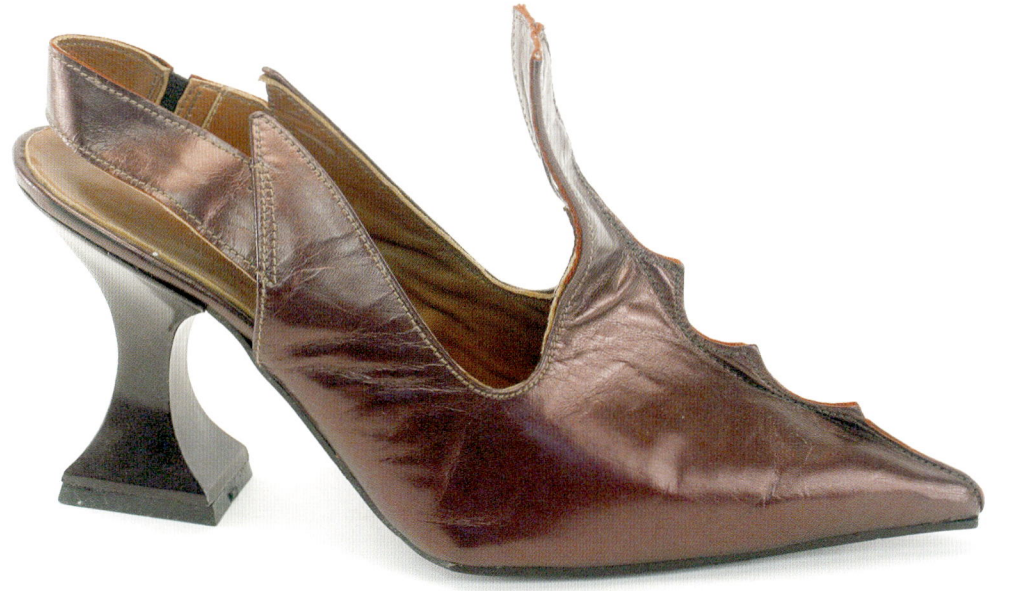

JOHNNY MOKE
ジョニー・モーク

　　ジョン・ジョセフ・ローリーは1945年にロンドンで生まれ、マッケンティ・テクニカルカレッジで学んだ。1967年、友人のミック・オラムとともにキングスロードのブティック、グラニー・テイクス・ア・トリップの地下に古着店を開く。店をケンジントンマーケットに移した頃にジョンは小型車のミニ・モークを購入。それがジョニー・モークの名前の由来となった。ケンジントンの店では、当時まだ無名だった**テリー・デ・ハヴィランド**（p.222）のヘビ革プラットフォームサンダルなど、新進デザイナーの靴を取り扱った。モークは1970年代に一時ファッション界から離れたが、その後オリジナルのアパレル商品と靴を扱うブティックのアドホックを開店。1984年には自らの名を冠した店をキングスロード396番地に開いた。ジョニー・モークの顧客リストには、ボーイ・ジョージ、トム・クルーズ、ティム・ロス、ゲイリー・オールドマンらが名を連ね、さらに映画『101（ワン・オー・ワン）』（1996年）でグレン・クローズが着用した靴もモークの作品である。1997年、モークは「スーパーではビキニを着ないのに、なぜ街のメインストリートでスニーカーを履くのか？」とテレビ番組で公然と非難したことから有名となり、これが人々の共感を呼んで集客につながった。だが彼のブティックは2002年に閉店となり、モークは2009年に他界した。

ジョニー・モーク
彫刻的造形のオブジェをあしらった2種類の靴デザイン、1980年代。

JOHNSON, STEPHENS AND SHINKLE SHOE COMPANY　ジョンソン・スティーヴンズ・シンクル・シューカンパニー

　米国ミズーリ州セントルイスでブラッドフォード・シンクル、義兄弟のアンドリュー・ジョンソンとその友人のハワード・スティーヴンズによって創業。同社のリズムステップというブランドで知られていたが、1970年代初めには事業の幕を閉じた。

JONES APPAREL GROUP　ジョーンズ・アパレルグループ

　1970年創業。1975年にジョーンズ・アパレルグループに社名を変更した。同社は1991年に株式を上場した後、エバンピコネ(1993年)、ナインウエスト(1999年)、さらにマクスウェル・シューカンパニー(2004年)を買収した。現在は数多くの靴およびアパレルブランドを傘下に抱える親会社として、**ナインウエスト**(p.172)、イージースピリット、バンドリーノ、**エンゾー・アンジョリーニ**(p.22)、**ジョーン&デヴィッド**(p.127)、ムーツィーズ・トゥツィーズ、**サム&リビー**(p.204)、アン・クライン、グロリア・ヴァンダービルト、LEI(ライフ・エネルギー・インテリジェンス)を展開している。

JOSEF SEIBEL　ヨセフ・サイベル

　1886年創業の靴メーカー。ヨセフ・サイベルおよび**ロミカ**(p.195)のブランド名で、履き心地に優れたカジュアルシューズを生産している。1996年には老舗紳士ドレスシューズメーカーのウエストランドを傘下に収めた。

ジョンソン・スティーヴンズ・シンクル・シューカンパニー
ジョンソン・スティーヴンズ・シンクル・シューカンパニーのブランド、ララバイの広告、1950年春。

JOSEPH AZAGURY　ジョセフ・アザグリー

　ジョセフ・アザグリーは1960年代初めにモロッコで生まれ、若くしてロンドンに移住した。コードウェイナーズ・カレッジで学んだ後、百貨店ハロッズでレイン(Rayne)の靴を販売しながら靴の商売に関するノウハウを習得する。1991年にロンドンに構えた第1号店では、高級ラインのファッションおよびブライダルシューズを中心としたイタリア製婦人靴を展開している。

JULIANELLI　ジュリアネッリ

　ニューヨーカーのチャールズとメイベルのジュリアネッリ夫妻が1947年に設立したブランド。チャールズが生産を監修し、メイベルがデザインを統括した。彼女はオリジナルの他にデ・リソ・デブス(**ポルター・デ・リソ**〈p.178〉を参照)など他社ブランドのデザインも手がけた。メイベルがつくり出す軽やかでエアリーなサンダルは、低いヒールでもそのフェミニンな佇まいで定評があった。1950年にはコティ賞を受賞。メイベルは1987年までアメリカの高級靴市場に向けてデザインを発信し続けた。

JUSTIN BOOT COMPANY　ジャスティン・ブーツカンパニー

　米国テキサス州チザム・トレイルで1879年にブーツ修理工としてスタートしたH・J・ジャスティンは、テキサス州ノコナの町でカウボーイブーツの生産をはじめる。後に子供たちに継承された事業は、テックスメックス(訳注:テキサスとメキシコの感覚をミックスしたスタイル)ブームが再燃する1990年代初め頃まで隆盛を極めていた。しかし1993年をピークに売上は下降しはじめ、テキサス州エルパソとミズーリ州キャスヴィルに業務を移転。同社は1981年にノコナ・ブーツカンパニー(創業者の娘によって設立)、1990年に**トニー・ラマ**(p.227)を傘下に収めていた。一族による経営は、創業者の孫のジョン・ジャスティンが亡くなる直前の2000年に解消された。

ジョセフ・アザグリー
ジョセフ・アザグリーの
靴のデザイン画、2007年夏。

ジュリアネッリ

下　ジュリアネッリの広告、1985年春。

右下　ブラウンのサテン地に黒のベルベットブロケードのパンプス、1950年代末。

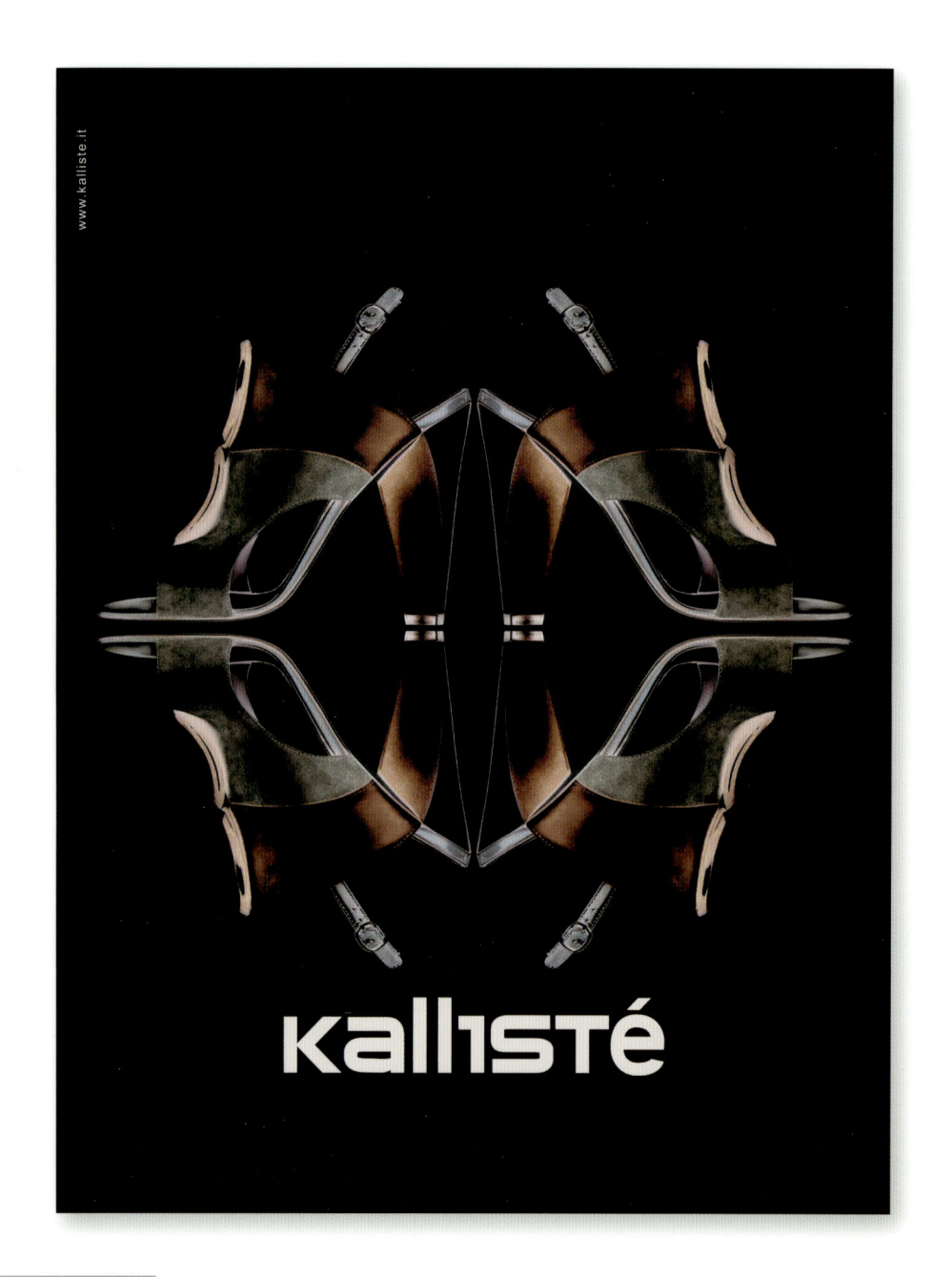

カリステ
カリステの広告、2009年春夏。

ケネス・コール
ケネス・コールの広告、1994年秋。

カリン・アラビアン
メタリックレザーを内張りにし、レーザーカットした黒のレザーとベルベットのブーツ"アナイド"、2000年代末。

KALLISTÉ　カリステ

ハイファッションな靴を展開するブランド、カリステの名は1952年に工房を開いた創業者にちなんでつけられた。2002年にはより若い層をターゲットとしたブランドのケイテが誕生。2005年に靴メーカーのミーマ社が事業を引き継ぎ、ミラノの旗艦店とともに"カリステ"ブランドを継続させている。

KALSO, ANNE　アン・カルソーに関しては、EARTH SHOES アースシューズを参照。

KARINE ARABIAN　カリン・アラビアン

フランス人デザイナーのカリン・アラビアンは1993年に"イエール・モードと写真のフェスティバル"で注目を集め、その後スワロフスキーとシャネルの靴デザインに携わるようになった。2001年にはパリにショールーム兼ブティックを開設し、自身のブランドの靴、バッグおよびアクセサリーを展開している。

KENNEL & SCHMENGER　ケンネル＆シュメンガー

1918年にドイツのピルマゼンスで創業。現在、ケンネル＆シュメンガーが生産するカジュアルシューズやハイファッションシューズは年間50万足におよび、主にドイツ国内とヨーロッパ市場で展開されている。

KENNETH COLE　ケネス・コール

ケネス・コール社は、流行のフットウエアをリーズナブルに提供するという明確なブランディングによって頭角を現した。創業者のケネス・コールは、父が経営する皮革製品会社エルグレコ社で働く間に、**アルマンド・ポリーニ**(p.23)によるデザインの**キャンディーズ**(p.50)と呼ばれる革のストラップと厚底が特徴のシンプルなミュールの可能性をいち早く見抜き、1978年から1979年に1000万足以上を米国に輸入したという実績を持つ。

さらに高級ゾーンの市場を開拓すべく、コールは父の会社を離れて1982年に自ら輸入販売事業をはじめた。社名をケネス・コール・プロダクションとしたのは、ニューヨーク市の条例で映画制作会社には大型トレーラーの駐車許可が与えられるためだった。こうしてケネス・コールは、靴の展示会が行われるマーケットウィークの間、マンハッタンのミッドタウンに堂々とトレーラーを停めて靴の注文を受けることができた。同社は最初にワッツワット、次いで1987年にジュニア市場に向けたアンリステッドというブランドを立ち上げた。ケネス・コールの名でニューヨークに初の店舗をオープンしたのが1985年。1992年には米国小売大手のシアーズとJCペニーのプライベートレーベルの生産を開始し、1994年に新たな靴ブランドのリアクションを創設した。同年には株式を上場し、アパレルにも商品展開を広げた。現在は数十億ドル規模を誇るケネス・コール社だが、その独特なマーケティング戦略は健在である。同社は、政治や社会的側面を描いた、ウィットに富みながらもときに物議を醸す広告キャンペーンでエイズやホームレスなどの問題を喚起している。

KICKERINOS　キッカリノーズ

米国ウィスコンシン州ミルウォーキーで1946年に創業。1953年から1984年まで生産されていた、内張りにフリース素材を用いたクレープラバーソールのブーツで定評があった。

キニーシューズ

左　キニーシューズの広告、1960年秋。

下　キニーシューズの広告、1974年秋。

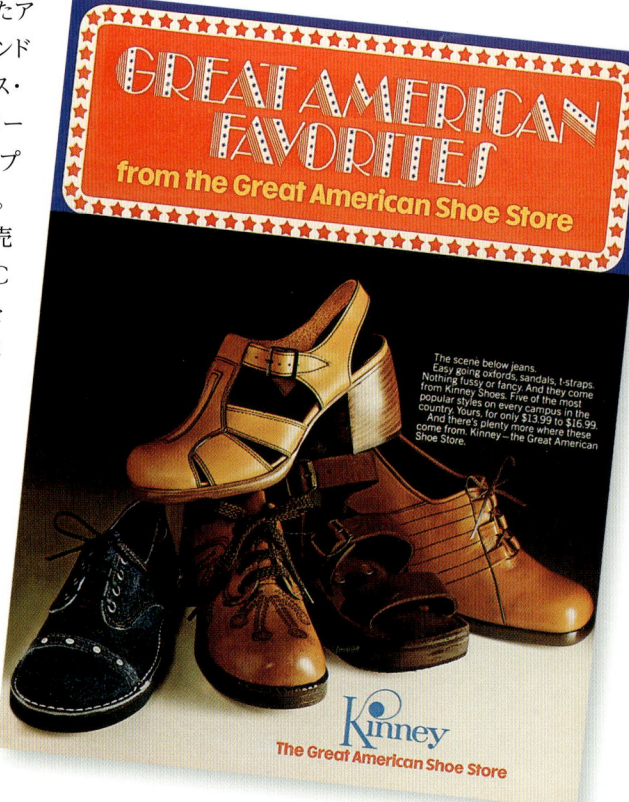

KICKERS　キッカーズ

　1970年にダニエル・ローファストによって設立された英国企業のキッカーズは、ブルージーンズ世代に向けたフットウエアを生産していた。デザイナーのジャック・シュヴァルローは"ジーンズブーツ"と銘打った、ヌバック革にデニムのようなステッチを効かせ、クレープソールを配したショートブーツを打ち出した。キッカーズ社は1974年頃まで世界市場での展開を行ったが、現在はペントランドブランド社の傘下となっている。

KINNEY SHOES　キニーシューズ

　1894年にジョージ・ロマンタ・キニーによって創業。キニーシューズはニューヨークのウェイバリーで1店舗からスタートし、その後急成長して1世紀以上にわたり靴の製造および小売販売を行った。同社はスケールメリットをうまく活用して競合他社より安価な靴を提供した。やがてブラウン・シューカンパニー、さらに1963年にはF・W・ウールワースの子会社となるが、その後も1967年にスタイルコ、1968年にスージーカジュアルズ、さらに1974年にフットロッカーを創設するなど、事業展開を拡大した。しかし1970年代には家族向けチェーン店の人気は衰え、1998年に事業の幕を下ろした。

キッカーズ
ヌバック革で仕立てたショートブーツ
"キック・ハイ"、2009年。

クロン・バイ・クロンクロン
左　前面ジッパー付きピンクレザーの
プラットフォームシューズ、2009年。

下　マルチカラーレザー&スエードの
プラットフォームシューズ、2009年。

クリスティン・リー
クリスティン・リーの広告、2009年頃。

KRISTEN LEE　クリスティン・リー

　ロサンゼルスとブルックリンを拠点として2002年に設立されたブランド。ヴィンテージのウィメンズシューズのデザインを新しく生まれ変わらせ、現代の顧客に向けてモダンに仕上げている。

KRON BY KRONKRON　クロン・バイ・クロンクロン

　アイスランドのデザイナー、フグルン・アルナドティルとマグニ・ポルステインソンは、2000年にレイキャヴィクのクロンで靴店をオープンした。2008年にはモダンなデザインのオリジナルブランドを設立。同社の靴はスペインで生産されている。

KUMAGAI　クマガイに関しては、
TOKIO KUMAGAI　トキオ・クマガイを参照。

LADY DOC　レディドック

　イタリアのチヴィタノーヴァ・マルケで1970年代末にレンツォ・トソーニによって設立された靴メーカー、カルツァトゥーレ・ドックの自社ブランド。同社はファッション＆カジュアルフットウエアを生産し、さらにミスタードックと呼ばれるメンズラインも展開している。

LA MARCA　ラマルカ

　イタリア出身のエラズモ・ラマルカとアメリカ出身の妻アリーン・ズブリツキーが共同でデザインを手がけたブランド。ラマルカの靴はイタリアで生産され、マンハッタン57丁目の直営店ラマルカ・シューズ(1970年から1990年)を含めたアメリカの高級専門店で販売された。

LARIO　ラリオ

　1898年、ジェローラモ・サイベーネがイタリアのコモ湖にほど近いチリーミドの町で、地元農民のためにシンプルな履物をつくる工房を開設。この紳士用フットウエアの工房が発展して1925年には会社組織となる。1950年代にはラリオの製品の大半は米国市場で販売されていたが、1965年に加わった婦人靴のラインは主に欧州市場に向けられた。ジョルジオ・アルマーニ(Giorgio Armani)、チェルッティ1881(Cerruti 1881)、トラサルディ(Trussardi)、ジル・サンダー(Jil Sander)、エトロ(Etro)、ブルマリン(Blumarine)などの靴のライセンス生産も行うラリオ社は今なお創業家による経営を維持し、年産9万足の靴のうち70パーセントを輸出している。

LAURENCE DACADE　ローレンス・ディケイド

　フランス人の靴デザイナー、ローレンス・ディケイドはパリのアフピック靴デザイン学校で学び、卒業直後にバルマン(Pierre Balman)、ラクロワ(Christian Lacroix)、ラガーフェルド(Karl Lagerfeld)、ジバンシィ(Givenchy)など、フランス有名メゾンのデザインの仕事を得た。2002年には、女性が美しくあるために痛みは不要だというコンセプトのもとに自らのブランドを設立。しかしセクシーさとデザイン性を追及した彼女の靴は必ずしも整形靴のように足に優しいわけではない。

ラマルカ
ラマルカの靴の広告、1983年春。

ローレンス・ディケイド
レザーとレースで仕立てたサンダル
"オマージュ"、2009年。

LAZZERI　ラッゼリ

　ラッゼリは1960年代末にフィレンツェ近郊に設立された靴メーカーで、創業者の名にちなんで社名がつけられた。現在は、クラシカルなラインのラッゼリ・マニファトゥーレとカジュアルなラインのハルを展開している。自社ブランドの他に、バナナ・リパブリックとジョン・バルベイトスの靴の生産も行う。

LD TUTTLE　LD・タトル

　タトルはニューヨーク州立ファッション工科大学およびミラノのアルス・アルペル・スクールを卒業。2004年に自らのブランドを設立し、夫の頭文字であるLとDをブランド名に入れてLD・タトルとした。流行を取り入れながらも行き過ぎないスタイルのタトルの靴は、"機能美"を体現していると称される。タトルはロサンゼルス在住だが、生産拠点とするイタリアには頻繁に足を運んでいる。

LE SILLA　レシーラ

　イタリア人デザイナーのエニオ・シーラによって1994年に設立されたレシーラは、ラグジュアリーなハイヒールの靴を生産している。

レシーラ
ラインストーンを散りばめたサンダルとスタッズ付きレザーブーツ、2009年。

LERRE　レッレ

　創業は1939年に遡るが、他社ブランドのファクトリーとして靴を提供していたレッレ社の名はほとんど知られていなかった。1972年以降はサンティーニと**ドミニチ**(p.72)の靴を生産していたが、1985年にデザインチームが解散すると、その頃すでにマックスマーラ(Max Mara)、**セルジオ・ロッシ**(p.208)、ベネトン(Benetton)などのコレクションデザインを担当していたエルネスト・エスポジットとデザイン契約を結ぶ。エスポジットはレッレというブランド名で30代から50代の女性に向けたラグジュアリーな靴やブーツのコレクションを展開したが、大成功にはいたらず、同社は自社ブランドの他にトッド・オールダム(Todd Oldham)など他ブランドの生産を再開した。

LIFESTRIDE　ライフストライド
に関しては、**BROWN SHOE COMPANY ブラウン・シューカンパニー**を参照。

LILLEY & SKINNER　リリー&スキナー

　英国の靴小売店リリー&スキナーは、ロンドンのサザークで1835年にトーマス・リリー社として創業。リリーは1881年に義理の息子のウィリアム・バンクス・スキナーを共同経営者に迎え、社名をリリー&スキナーに変更した。1950年代には、マンフィールド、ドルシス、サクソンなどの靴メーカーとともにブリティッシュ・シューコーポレーションの傘下となるが、リリー&スキナーの名はストアブランドとして継続している。

LINEA MARCHE　リネア・マルケ

　イタリアのマルケ地方で1972年に設立。リネア・マルケは安全靴の製造からスタートし、1980年には欧州各国のチェーン店や大手メーカーの靴の製造をはじめる。1987年、初の自社ブランドであるアケトン(Aketohn)を創設。続いてよりエッジィなウィメンズブランドのヴィック・マティエ(Vic Matie)とメンズのポール・メイ

レッレ
レッレの広告、1993年秋。

(Paul May)、さらに流行に敏感な若者市場に向けてオキシス(OXS)を1991年に立ち上げた。1992年には生産部門マネージャーのレナート・クルツィが同社を買い取り、現在は経営責任者として運営を行っている。

LOEFFLER RANDALL　ロフラー・ランダル

　2005年にニューヨークでブライアン・マーフィーとジェシー・ランダル夫妻が創業した靴メーカー。創業のきっかけは妻のジェシーだった。彼女はさり気なく上品で、デザイン性と仕上がりの美しさを兼ね備えた靴を探し求めていた。ロフラー・ランダルは瞬く間に商業的な成功を収めるとともに、メディアからも高い評価を受けた。

ロフラー・ランダル

左　多色使いのスエードにカッティングを施したアンクルブーツ。バックジッパーと隠れたプラットフォームが特徴の"イヴェッド"、2000年代末。

右　テーパードトウで踵の低いプルオンブーツ。ヘビ革型押し加工を施した黒レザーが特徴の"マチルダ"、2000年代末。

ロータス
ロータスの広告、1976年秋。

LORENZ SHOE GROUP　ローレンツ・シューグループ

へーゲル（Högl）、ガンター（Ganter）、ハッシア（Hassia）などのブランドを傘下に持つローレンツ・シューグループは、オーストリア北部のタウフキルヒェン・アン・デア・プラムを本拠地とする欧州最大規模の靴メーカー。グローバルな靴市場で70年以上販売されている老舗ブランド、ヘーゲルの商品は輸出が90パーセントを占め、世界30カ国で展開されている。

LORENZO BANFI　ロレンツォ・バンフィ

1970年代にミラノ近郊のパラビアゴで設立されたラグジュアリーブランド。手作業で仕上げられるロレンツォ・バンフィの紳士靴および婦人靴は、高級専門店で販売されている。

LOTUS　ロータス

かつてはノーサンプトン同様に英国靴産業の中心地であったスタッフォード。その中でも屈指の大手メーカーが、1919年に3社合併によって生まれたロータスだった。しかしそのロータスも1970年代にはスタッフォードに残る唯一の靴メーカーとなり、輸入靴との競争で大打撃を受けた結果、1998年に終焉を迎えた。

LUC BERJEN　リュック・ベルジェン

1988年に英国人とフランス人の夫婦、ジェニファー・ロスとベルナール・ディデルによって創業。ロンドン発のデザインをイタリアで生産する靴ブランドのリュック・ベルジェンは、ハイファッションな高級市場をターゲットとしていたが、景気後退を受けた2006年以降は中価格市場向けにシフトしている。

LUCCHESE　ルケーシー

　イタリア出身のサム・ルケーシーは、1883年に米国テキサス州サンアントニオでルケーシー・ブーツカンパニーを設立した。1960年に創業者の孫の(同じく)サムが事業を引き継ぎ、ブーツの木型を変えて履き心地を改善した結果、ルケーシーの商品は最高品質のカウボーイブーツとして支持されるようになった。

LUCIANO PADOVAN　ルチャーノ・パドヴァン

　イタリアのフットウエア業界では新進企業と言えるルチャーノ・パドヴァンだが、ミラノ近郊に構える同社のファクトリーは日産およそ500足の生産規模を持つ。パドヴァンの靴とバッグはミラノ、ローマ、モスクワ、ドバイおよびニューヨークの高級店で販売されている。

LUDWIG KOPP　ルートヴィヒ・コップ

　ドイツでもっとも長い歴史と最大規模を誇った製靴会社であり、1857年にハーマン・シュミットによって設立され、1868年にルートヴィヒ・コップによって買収された。当時の有名ブランド、エルカを擁した1937年にその生産は最盛期を迎えるが、同社は1979年末には生産を終了した。

LUDWIG REITER　ルーディック・ライター

　1885年にオーストリアのウィーンでルーディック・ライターによって設立。その後急成長した同社は、現在も生産が続くグッドイヤーウェルト製法の紳士靴で定評を得た。1934年にはフォックスやピカデリーというブランド名で婦人靴の製造をはじめ、現在はアナ・ライターというウィメンズブランドを展開している。家族経営を続ける同社は4代目に継承され、1990年代以降、事業拡大が進められている。

LUICHINY　ルイッチーニ

　1982年に設立された靴ブランド。スペインで生産されるルイッチーニの靴は、ヴィンテージブームの流れを受けたデザインで知られる。

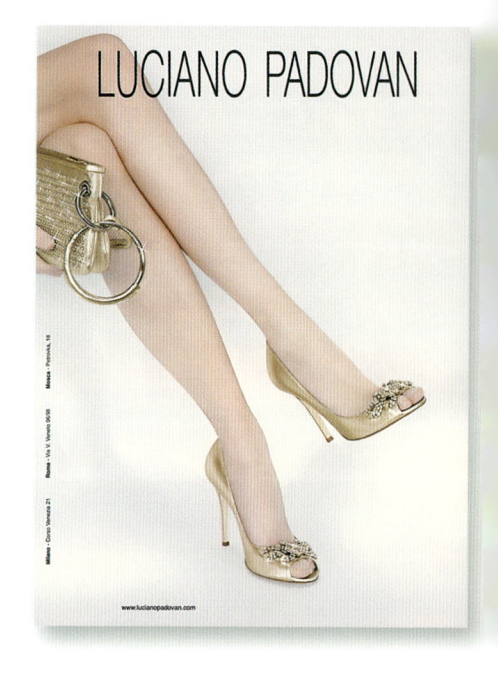

ルチャーノ・パドヴァン
ルチャーノ・パドヴァンの広告、2006年秋。

ルイッチーニ
ハートモチーフで飾った
9.5インチ(約24センチ)ヒールの
レザーブーツ、1990年代中頃。

MARTENS, KLAUS　クラウス・マーチンに関しては、
DOC MARTENS ドクターマーチンを参照。

MAGDESIANS　マグデジャンズ

　1952年以来カリフォルニアで生産されている中価格帯のコンフォート＆カジュアルシューズのブランド。

MAGLI, SANDRO　サンドロ・マリ

　ブルーノ・マリ(p.48)の息子のサンドロは父の会社で修行を積み、やがて共同経営者となる。1990年に独立し、イタリアのボローニャでスタイリッシュな靴とアクセサリーを扱うディ・サンドロ(Di Sandro)社を設立した。

マグデジャンズ
天然コルク素材のローヒールサンダル、2000年代末。

マロレス・アンティニャック
ギャザーと切り放しリボンをあしらった
ラウンドトウのバレエフラット。
オフホワイトのパテントと
ブラウンレザーの2色、
2000年代末。

MAGRIT　マグリット

　現存するスペインの靴メーカーの中でも屈指の老舗会社であるマグリットの自社ブランド。同社は1929年にスペインのアリカンテ地方でホセ・アマット・サンチェスによって設立された。ホセの息子のマヌエルが事業に加わった1940年頃はちょうど輸出産業が斜陽の時期だったが、1951年までには**バリー**(p.29)など他ブランドと提携して輸出を再開する。現在、経営はアマット家の3代目に継承されている。自社ブランドおよびダナ・キャラン(Donna Karan)、バリー、キャロライナ・ヘレラ(Carolina Herrera)、L・K・ベネット(L. K. Bennett)の靴を含め、マグリットがスペインで生産する製品の80パーセントは輸出向けである。

MALOLES ANTIGNAC　マロレス・アンティニャック

　2004年にバレエフラットのコレクションでデビューしたフランスのブランド。その後デザイナーのマロレス・アンティニャックは、ヒール付きの靴からブーツまで幅広いラインナップを展開してきた。現在、彼女のラグジュアリーシューズは東京やニューヨークなど、世界各国の高級店で販売されている。

MANOLO BLAHNÍK　マノロ・ブラニク

　マノロ・ブラニクは1942年にスペインのカナリア諸島で生まれる。ジュネーヴで文学と法律、パリで芸術を学び、1968年にロンドンに渡った。1971年にブラニクの靴のデザインが当時の米国版『ヴォーグ』誌編集長ダイアナ・ヴリーランドの目に留まる。その直後にオジー・クラークからランウェイショー用の靴デザインを依頼され、このコレクションでブラニクは初めてメディアからの称賛の声を浴びた。その後、ロンドンはオールドチャーチストリートのブティック、ザパタで販売する靴のデザインを開始。1973年にブラニクが買い取ったこの店は、現在も彼のグローバルビジネスの拠点である。一方、アメリカでの成功は1978年に訪れた。この年、ブルーミングデールズのコレクションを立ち上げ、翌年にはマディソンアヴェニューに出店、1982年にはジョージ・マルケメスをビジネスパートナーとして迎え入れたことが奏功して米国での売上が急増する。1980年代には、ファッションデザイナーのペリー・エリス(Perry Ellis)、カルバン・クライン(Calvin Klein)、アイザック・ミズラヒ(Isaac Mizrahi)の靴デザインを手がけた。1991年に香港に出店。ジョン・ガリアーノ(John Galliano)、ビル・ブラス(Bill Blass)、キャロライナ・ヘレラ(Carolina Herrera)、オスカー・デ・ラ・レンタ(Oscar de la Renta)などのデザイナーとのコラボレーションは1990年代を通して続けられた。ブラニクは、自らが生み出すスタイリッシュな靴は上質さとセックスアピールを融合させたものだと語る。彼はロジェ・ヴィヴィエ(p.192)に感銘を受けながらも、自分自身は花形デザイナーではなく、あくまでも靴職人であると考えている。米国のテレビシリーズ『セックス・アンド・ザ・シティ』では、(サラ・ジェシカ・パーカー演ずる)キャリー・ブラッドショーがその靴をこよなく愛したことで、ブラニクの名は全米で一躍有名になった。2003年、ロンドンのデザインミュージアムにおいて、靴デザイナーとしては初の展示会となるマノロ・ブラニク展が開催された。

マノロ・ブラニク
マノロ・ブラニクの広告、
2006年秋。

マノロ・ブラニク
花びらをモチーフにした
レザーサンダル、2003年。

マノロ・ブラニク
パープルのシルク地に刺繍を入れた
ミュール。1995年のデザインを
2009年にリメイクした復刻版。

マノロ・ブラニク
下　シルクピケにグログランの縁取りを入れた
カットアウトブーツ。サテン地の内張り、
ペイントしたスタックヒールが特徴のデザイン
"カヴィアラ"、2010年春夏。

マノロ・ブラニク
上　オープントウで踵にスリットが入ったボティーヌ。
サイドの編み上げ、さし色のサテンやレザーの内張り、
エッジ部分のペイントが特徴のデザイン"エベーデ"、
2010年春夏。

MARANT　マラント

　ウルグアイのモンテビデオで1960年代初めにマルティン・コリャーヤンによって創業。エキゾチックレザーを用い、手作業で仕上げたデザイン性の高いウィメンズフットウエアを展開している。現在、マラント社の輸出向けのラインとして、アリカ・ネルギース(Arika Nerguiz)が自身の名を冠した既製靴ブランドをデザインしている。

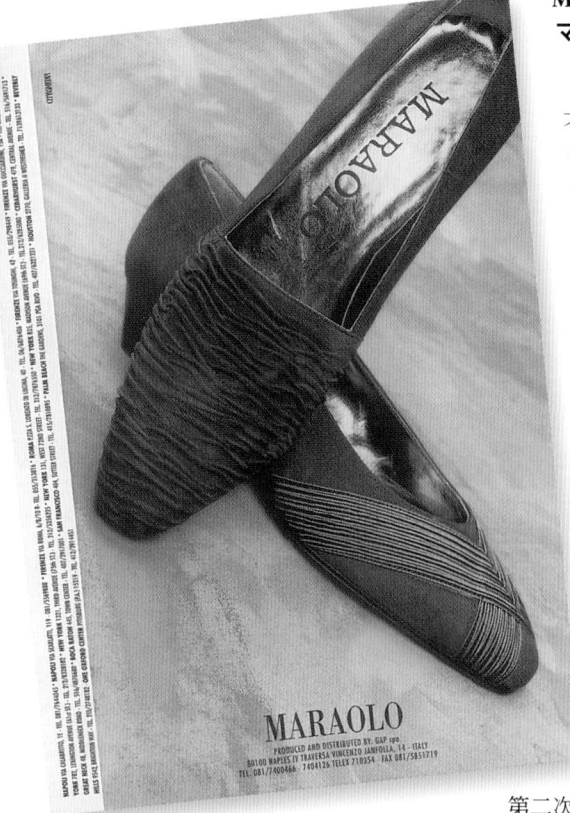

MARAOLO, MARIO
マリオ・マラオロ

　1936年生まれ。マリオ・マラオロは15才で父の経営する皮なめし工場で見習いをはじめ、5年後にナポリで靴工場を開設する。1960年代半ばにはヨーロッパとアメリカに出店して自社ブランドのマラオロおよびコカを展開した。1979年、ジョルジオ・アルマーニ(Giorgio Armani)とエンポリオ・アルマーニ(Emporio Armani)の革製品の生産をはじめ、現在はダナ・キャラン(Donna Karan)やジョーン・ハルパーンのジョーン&デヴィッド(p.127)の靴も生産している。日産3000足近い同社の紳士および婦人靴のうち、米国への輸出がおよそ40パーセントを占めている。

MARGARET JERROLD
マーガレット・ジェロルド

　第二次世界大戦後、ジェロルド・ミラーは曽祖父のイスラエル・ミラーが創業した靴工場で働きはじめる。妻のマーガレット・クラークは1940年代にI・ミラー(p.116)の社内デザイナーとして仕事をはじめ、2人は1954年にマーガレット・ジェロルドというブランドを立ち上げた。1963年、マーガレットの洗練されたローヒールのデザインが認められ、ニーマンマーカス賞を受賞。その翌年

マリオ・マラオロ

上　マリオ・マラオロの広告、1991年冬。

左　マリオ・マラオロの広告、1990年夏。

マーガレット・ジェロルド
タクシーをモチーフにした
レザーパンプス、1980年代中頃。

にジェロルドは、ニューヨークのヘンリー・ベンデル内にシュービズという売り場を構え、**ウォルター・スタイガー**(p.238)などのファッションシューズの展開をはじめた。同年、彼は卸販売会社のスーパーシュービズを設立。イタリアとスペイン、さらには東南アジアから靴の輸入を行った。1978年以降は輸入靴を優先してマーガレット・ジェロルドのブランドを段階的に廃止し、社名を正式にシュービズと改める。1989年にジェロルドが一線を退くとともに同ブランドも終焉を迎えた。2人は1960年代に離婚。マーガレットは1994年にこの世を去った。

MARINO FABIANI　マリーノ・ファビアーニ

　1979年に設立された、若々しくセクシーでトレンド志向のフットウエアを展開するブランド。

マールース・テン・ホーマー
ステンレスヒールを包むようにベージュの
1枚革を折り曲げたフォールデッドシューズ、
2009年。

MARLOES TEN BHÖMER　マールース・テン・ホーマー

　オランダ出身のマールース・テン・ホーマーは、ロンドンを拠点として活動するアーティストであり、靴職人である。2003年からクリエイションをはじめた彼女は主に脱構築主義をコンセプトとした靴を創作し、その作品はウエアラブル(着用可能な)アートともアヴァンギャルド・デザインともいえる。

MARY CLAUD　マリー・クラウド

1954年にイタリアのマルケ地方でマッシミ・ルイジが創業し、現在は息子のステファノとクラウディオが事業を継承している。最新技術を駆使し、ファッショナブルかつフェミニンでありながら快適性を追求したフットウエアを生産している。

MASCARO　マスカロ

スペインのミノルカ島フェレーリエスで1918年に設立されたマスカロは、手作業でバレエスリッパをつくる工房からはじまった。創業者の息子であるハイメ・マスカロの代には事業を拡大して靴の生産をはじめ、さらに手作業から機械生産へと進化させた。1980年代にはスペイン、フランス、イングランドを中心に店舗展開をはじめる。3代目のリナとウルスラが1990年代末に事業を引き継いだ後は、アメリカを含めた世界規模に小売販売網を拡大し、ウルスラは自身の名を冠した靴ブランドのデザインを手がけてきた。マスカロ社はその他にハイメ・マスカロとプリティバレリーナの2ブランドを展開している。

MASSARO　マサロ

セバスチャン・マサロがパリのラペ通り2番地に靴工房を開設したのは1894年。しかしマサロの名は、1947年に事業に加わったセバスチャンの孫、レイモンの代になるまでは限られた顧客以外にはほとんど知られていなかった。1957年、レイモンは後にシャネルシューズのアイコンデザインとなる、ベージュのパンプスに黒のトウキャップとヒールを配したスタイルをデザインした。このスタイルのパンプスやスリングバックは今なお継続するロングセラーである。1994年、丹精に靴を仕上げるレイモンの卓越したクラフトマンシップを称えて、フランス政府より"マスター・オブ・アート"の称号が授与された。レイモンはその後も数多くの顧客やファッションデザイナーのためにカスタムメイドの靴をデザインし、"マサロ"ブランド（2002年にシャネルによって買収）のデザインを監修している。

マサロ
黒いパテントのトウキャップをあしらったベージュの革製スリングバックパンプス。ロゴはシャネル、1980年代中頃。1957年発表の不朽の名作に対してレイモン・マサロとルネ・マンシーニ両氏の功績が称えられた。

モード・フリゾン
左　ナス紺とシルバーの
キッド革ドルセーパンプス、
1980年代中頃。

下　モード・フリゾンの広告、
1979年秋。

MAUD FRIZON　モード・フリゾン

　ナディン・フリゾンは1941年に生まれ、パリのジャン・パトゥやアンドレ・クレージュなどのクチュリエでモデルをはじめる際にモード・フリゾンと改名した。ショー用の靴をモデル自身が用意しなければならなかった1960年代当時、思うような靴が見つからないと感じたフリゾンは自ら靴づくりを決意する。夫のジジ・デ・マルコとともにパリの左岸サンペール通りに開いた店で1969年には初コレクションを開催、後にアイコンとなるジッパーなしのロングブーツのデザインを披露した。フリゾンのコレクションは瞬く間に成功し、ブリジット・バルドーなどのセレブリティに愛用されるブランドとなる。1980年代にはコーンヒールの創作や、アズディン・アライア(Azzedine Alaïa)、クロード・モンタナ(Claude Montana)、ティエリー・ミュ

モード・フリゾン
マルチカラーのヘビ革サンダル、
1980年代初め。

グレー(Thierry Mugler)、ソニア・リキエル(Sonia Rykiel)の靴デザインを手がけるなど、フリゾンは時代の旗手となった。1999年に会社とブランド名を売却。フリゾン・デ・マルコとしては1993年にパリ、サントロペ、ニューヨークに"オンベリーヌ"ブランドの店を開き、様々な色と素材のコンビネーションで知られる独自のスタイルでシーズンごとに新作を生み出している。

MAURIZIO CELIN　マウリツィオ・チェリンに関しては、
CONSOLIDATED SHOE コンソリデイテッド・シューズを参照。

MAX KIBARDIN　マックス・キバルディン

　ロシアのシベリアで生まれ、イタリアで教育を受けたマックス・キバルディンが2004年に立ち上げたブランド。彼の作品にはミニマリズムの建築工学を学んだ経験とその造詣の深さが表れている。

MEISI　マイジー

　フリッツ・カイルは1916年にドイツのラーデボイルで会社を設立し、自身の名前を社名とした。同社は第二次世界大戦後にリンタインで再建され、カイルは1963年に亡くなるまで経営を続けた。その後、新たな経営者となったハインリッヒ・ジークマンが社名をマイジーと改め、同社の事業をドイツ靴業界が得意とするコンフォートフットウエアの生産に一本化した。

MELISSA　メリッサに関しては、
GRENDENE　グレンデーネを参照。

MELVILLE　メルヴィルに関しては、
THOM McAN　トム・マッキャンを参照。

マックス・キバルディン
黒と赤のレザー製ハイヒールパンプス、どちらも2010年春夏。

マックス・キバルディン
上　マルチカラーのサテン地で仕立てた
スティレットヒール、2010年春夏。

右上　紫のレザー製オープントウの
アンクルブーツ。ヒールはスティレット、
プラットフォーム部もカバリングされている。
2010年春夏。

右　紫のサテン地で仕立てた
ハイヒールサンダル、2010年春夏。

メフィスト
足裏の形状にフィットする
フットベッドを配したレザーサンダル、
2009年。

MEPHISTO　メフィスト

　マルタン・ミカエリによって1965年にフランスで設立されたメフィスト社は、快適性とファッション性を兼ね備えた靴づくりをコンセプトとしている。メフィストブランドは1960年代末までに欧州各国で展開を広げ、1980年代には日本と北米にも販路を拡大した。1999年にフランス靴販売協会からフランス最高の靴ブランドに選ばれ、さらに2000年にはレジオン・ドヌール勲章が授与された。メフィスト社は他にもモビルス(Mobils)、サノ(Sano)、オールラウンダー(Allrounder)のブランド名で靴の生産を行い、現在60を超える国で展開している。

MERRELL　メレル

　1981年にクラーク・マティス、ジョン・シュヴァイツァーおよびランディ・メレルによって設立された靴メーカー。フィット感と快適性に優れたアウトドア用フットウエアの創作を目指し、細身のヒールやエアクッションソールを配したハイキングブーツなどを開発した。1997年に**ウルヴァリン**(p.242)の傘下となり、スポーツシューズの履き心地やフィット感にデザイン性を加味したフットウエアの生産で、"アフタースポーツ"カジュアル市場の代表ブランドに成長した。

ミッシェル・ペリー
上　プラットフォームサンダル、
2009年秋冬。

右上　バックストラップ付き折り返し
デザインのアンクルブーツ、
2009年秋冬。

MICHEL PERRY　ミッシェル・ペリー

　1949年生まれ。ミッシェル・ペリーはベルギーで美術を学び、フランスで靴職人のもとに弟子入りする。1987年に自身の名を冠したコレクションを発表。ほどなくパリのレアール地区にブティックを開設した。2001年に初めてメンズの靴コレクションをデザインし、2004年にはサントノーレ通りに旗艦店を構える。次いで2007年、パリに初のコンセプトストア"ミッシェル・ペリー・コレクター"をオープンした。

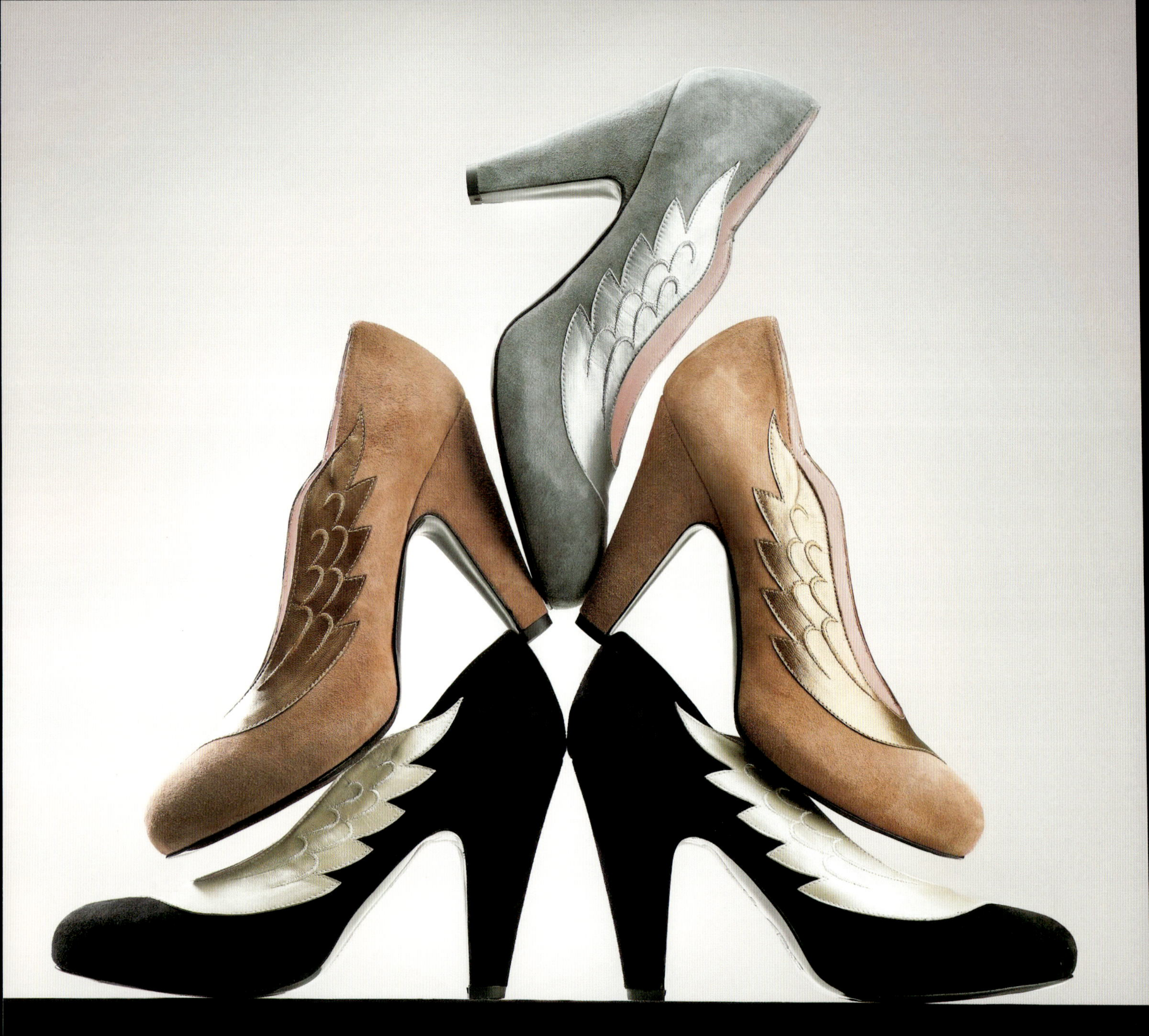

ミンナ・パリッカ
左ページ　スエードと
メタリックレザーの靴、2009年秋冬。

ミネトンカモカシン
下　革紐、タッセル、ビーズ付きスエードの
ミドル丈フリンジブーツ、2000年代末。

右下　バックジッパー付きスエードの
ショート丈フリンジブーツ、2000年代末。

MICHEL VIVIEN　ミッシェル・ヴィヴィアン

　1962年にフランスのグルノーブルで生まれ、1982年に美術を勉強するためパリに移る。1990年以降はフリーランスの靴デザイナーとして、**ミッシェル・ペリー**(p.163)、**シャルル・ジョルダン**(p.58)、**セルジオ・ロッシ**(p.208)、**カサデイ**(p.52)、アレキサンダー・マックイーンのジバンシィ(Givenchy)、ジョン・ガリアーノのディオール(Dior)のコレクションを手がけ、さらにイヴ・サンローラン(Yves Saint Laurent)によるオートクチュールコレクション最後の3シーズンを担当した。1998年に自らのブランドを創設するが、その後**ロベール・クレジュリー**(p.190)のアートディレクターに就任。2006年にはアルベール・エルバスのランバン(Lanvin)で靴コレクションのデザインをはじめた。

MIHARA YASUHIRO　ミハラ・ヤスヒロ

　東京の多摩美術大学を卒業。三原康裕は靴づくりのノウハウを短期間で学び、1998年に自身の名を冠したブランドを立ち上げた。ユーズドのような風合いを感じさせる独特なシボのあるレザー使いは"post-apocalyptic urban(終末後の都市)"スタイルと呼ばれる。2000年にプーマ(Puma)とのコラボレーションを発表する一方、独自の"ユーズド"感覚の美学は自身のコレクションで展開されている。

MINNA PARIKKA　ミンナ・パリッカ

　フィンランド出身のミンナ・パリッカが2005年に立ち上げたブランド。ヘルシンキの旗艦店では、ヴィンテージデザインの影響とフェティッシュな魅力を織り交ぜた靴とブーツのコレクションを取り揃えている。

MINNETONKA MOCCASIN　ミネトンカモカシン

　1946年にフィリップ・ミラーによって創業。1960年代末から1970年代初めにかけて、ネイティヴアメリカン(アメリカ先住民)スタイルの革のフリンジが当時のヒッピー世代に支持され、ミネトンカは大成功を収めた。不況期にはドライビングモカシンやビーズ付きのスリッパ型シューズが会社の経営を支えたが、ネイティヴスタイルのブーツやモカシンの流行時には必ずミネトンカの存在がある。

トレイシー・ニュールズ
左　黒とワインレッドのオックスフォード。素材、外観デザイン、彫刻的造形へのニュールズの関心が表れている。2009年秋冬。

左下　2色使いで彫刻的フォルムのヒールをあしらった黒レザーの編み上げブーツ、2009年秋冬。

MODA RUGGI　モーダルッジに関しては、
APEPAZZA　アペパッツァを参照。

MORESCHI　モレスキー

　1946年にイタリアのヴィジェヴァノで創業。現在、従業員300人を抱えるモレスキー社は年間24万足のファッションシューズおよびブーツを生産する。フットウエアの他にアクセサリー、アパレルおよび革製品も展開している。

NATURALIZER　ナチュラライザー
に関しては、
BROWN SHOE COMPANY
ブラウン・シューカンパニーを参照。

NEULS, TRACEY
トレイシー・ニュールズ

　カナダ出身のトレイシー・ニュールズはロンドンのコードウェイナーズ・カレッジで学び、2000年にオリジナルブランドのTN_29を創設した。ヒールとアッパーが有機的な造形美を描くトレイシーの靴は、その斬新なデザインで高く評価されている。2005年にはロンドンにTN_29のブティックを出店した。

NEWTON ELKIN　ニュートン・エルキン

　影響力のある20世紀の米国人靴デザイナーと称されることの多いニュートン・エルキンだが、彼自身については謎が多い。エルキンは故郷のフィラデルフィアの町でデザイン活動を行い、数多くのブランドのデザインを主にコラボレーションの形で手がけていた。もっとも有名なブランドに1930年代から1960年代のパンドラがある。1937年、彼はファッションシューズに初めてジッパーを使用したとされている。エルキンの名前が入った靴の広告は1970年代末まで展開されたことから、その頃本人が他界したと考えられている。

トレイシー・ニュールズ
左ページ　英国の代表的な生地メーカー、サンダーソン社のヴィンテージ復刻素材で仕立てた靴、2010年春夏。

ニュートン・エルキン
右　ニュートン・エルキンの広告、1952年秋。

NICHOLAS KIRKWOOD　ニコラス・カークウッド

　1978年生まれ。英国人デザイナーのニコラス・カークウッドはコードウェイナーズ・カレッジで学び、2005年に自身の名を冠した靴ブランドを立ち上げた。建築的造形から影響を受けたデザインをエキゾチック素材で仕立てた彼の靴は、過去のデザインにとらわれることなく、フェミニンさとモダンさを共存させている。カークウッドは21世紀のハイファッションフットウエア界を牽引する数少ない新鋭デザイナーの1人とされる。自身のブランドの他にクロエ (Chloé)、フィリップ・リム (Phillip Lim)、ザック・ポーゼン (Zac Posen) などの靴デザインも手がけている。

ニコラス・カークウッド
黒を基調にブロンズ&ゴールドのヘビ革をあしらったバックジッパー付きプラットフォーム・スティレット、2009年秋冬。

ニコール・ブランデージ
下　赤のスエードサンダル"ヨーコ"、2010年春夏。

右下　グリーンのスエードサンダル"ヨコナ"、2010年春夏。

NICOLE BRUNDAGE　ニコール・ブランデージ

　米国テキサス州サンアントニオ生まれ。スタンフォード大学で美術を専攻し、卒業後はミラノのマランゴーニ学院でファッションデザインを学ぶ。ジョルジオ・アルマーニ(Giorgio Armani)でインターンシップを経験した後、**マノロ・ブラニク**(p.150)で働き、やがてニューヨークに渡って2004年にはザック・ポーゼン(Zac Posen)の靴コレクションをデザインした。2006年に自身のシューズブランドを立ち上げるとともに、**サルヴァトーレ・フェラガモ**(p.202)やマックスマーラ(Max Mara)を含む多くの有名ブランドとのコラボレーションを実現した。ニコールの靴デザインはヴィンテージのフェティッシュな要素の影響を色濃く受けている。

ニコール・ブランデージ
下　オープントウのレザーアンクルブーツ"ウリカ・チェレステ"、2010年春夏。

右ページ上　ニコールのブランド、アクロバット・オブ・ゴッドのサンダル"トゥイラ"、2010年春夏。

右ページ左下　アイボリーと黒のレザーサンダル"エデン"、2010年春夏。

右ページ右下　黒のパテントとスエードのポンポン付きサンダル"ロイ"、2010年春夏。

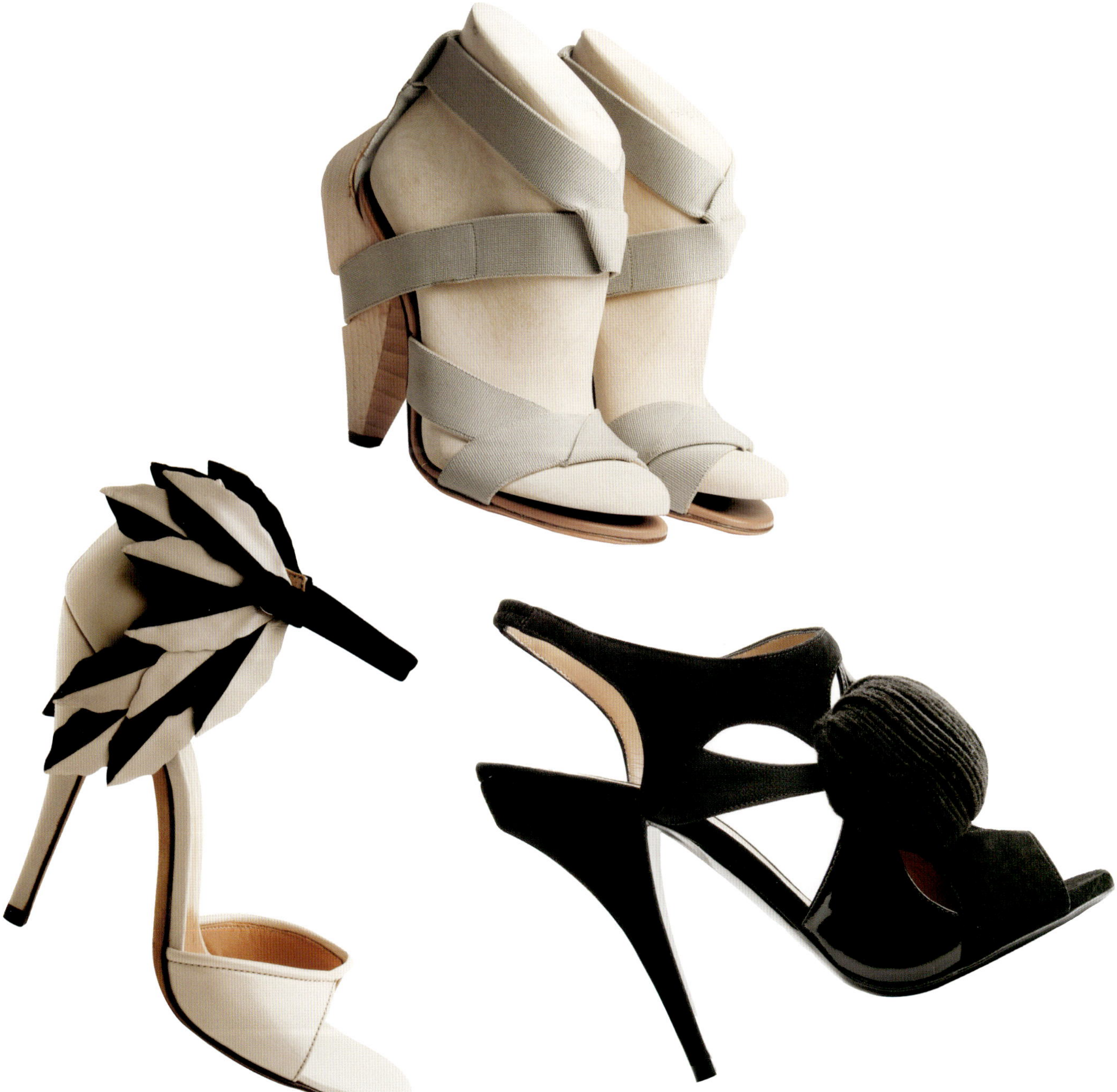

NINA　ニーナ

　1953年、スタンリーとマイクのシルバースタイン兄弟は、キューバ系移民の父が創業した小さな木靴工房で、シンプルな革のアッパーと木製ソールを使って靴づくりの一歩を踏み出した。1962年にニューヨーク市ソーホーの小さなロフトでニーナを設立。その後、事業の拡大を繰り返し、さらにスペイン製ブーツの販売で利益をあげるなど、1960年代末までに大成功を収めた。スタンリーがデザインと製造を統括する一方でマイクが販売面を担当し、2人は引き続き事業の指揮を執っている。現在はニーナブランドの他に、タッチ・オブ・ニーナ、ニーナドール、エレメンツ・バイ・ニーナの生産を行い、さらに休止していたデルマンブランド（**ハーマン・デルマン**〈p.113〉を参照）を買い取ってラグジュアリーラインを展開している。

NINE WEST　ナインウエスト

　ジェローム・フィッシャーとヴィンセント・カムートは、1977年に靴の卸販売会社フィッシャー・カムート社を設立した。2人はそれぞれ靴業界での経歴を持っていた。フィッシャーは家業の靴工場で働いた後、1958年に自らの会社を設立。一方カムートは日本の輸入商社である米国住友商事で流通戦略を展開していた。フィッシャー・カムート社はブラジルのメーカーから靴を輸入し、当時の住所（マンハッタンの9 West 57th street）にちなんでナインウエストというブランド名で販売した。1988年に関連会社のジャーヴィン（2人の名前を組み合わせた社名）を設立。ノーブランドのブラジル製婦人靴を小売店に販売する事業をはじめた。フィッシャー・カムート社はデザイナーの起用に長け、中価格帯のフットウエアを短納期で生産することで定評があった。1993年に複数の関連会社が合併してナインウエスト社が設立される。同社の事業は軌道に乗り、1995年にはアメリカの巨大企業**ユナイテッドステイツ・シューコーポレーション（USSC）**(p.232)を買収するまでにいたった。その後、USSCの靴事業の多くを閉鎖して生産拠点をブラジルに移転する。1999年、ナインウエスト社はアパレル製造販売会社の**ジョーンズ・アパレルグループ**（p.131）によって14億ドルで買収され、同社の傘下に統合された。

ニーナ
赤いサテン地のサンダル、
2009年ホリデーコレクション。

ナインウエスト
ナインウエストの広告、1998年春。

ニーナ
シルバーパープルのスパンコールが煌く
ピープトウパンプス、
2009年ホリデーコレクション。

パコ・ヒル

上 黒のメッシュ素材をキッド革で
パイピングしたバックジッパー付き
パテントウエッジサンダル、2009-2010年。

左 ロイヤルブルーのシワ加工パテントに
シルバー塗装のヒールとバックルを配した
サンダル、2008年夏。

NUSRALA SHOE COMPANY　ヌスララ・シューカンパニー

米国セントルイスで創業。ダヴィンチやラパティなどのブランドで知られるヌスララ社は1964年に売却され、セントルイスの**コンソリデイテッド・シューズ**(p.65)の傘下となった。

OFFICE　オフィス

靴の小売会社オフィスロンドンは、1981年にロンドンのファッション小売店ハイパーハイパー内に靴売り場を構えた。1984年にオフィス初のオンリーショップをキングスロードに開店。同社はオフィスブランドおよびオフスプリング、ポスト、ポスト・ミストレスのブランドで英国各地に100を超える路面店およびインショップを展開するまでに成長した。

OTWAY, FLORENCE　フローレンス・オトウェイ

1940年代初めにイラストレーターとして仕事をはじめたが、まもなくデザイナーに転身。多くの靴デザイナーと同様にオトウェイは自分の名前を出さずにブランドの靴デザインを手がけた。1943年の**I・ミラー**(p.116)、1950年の**パリジオ**(p. 177)、1954年から1957年および1960年から1968年までマドモワゼルブランドで**ジェネスコ**(p.98)、1957年から1960年までカレッサ、1968年の**デヴィッド・エヴィンス**(p.87)、1974年の**ガロリーニ**(p.97)、1976年にゴーロ(p.103、ブーツに初めてゴアテックス素材を用いたことで知られる)、1984年のカルバン・クライン、1989年のアドリアンヌ・ヴィッタディーニなど、数多くの有名ニューヨークブランドの靴をデザインし、さらにフリーランスで**グッチ**(p.105)、**ベルナルド**(p.37)、**バリー**(p.29)の靴を手がけた。1991年に引退。

PACIOTTI　パチョッティに関しては
CESARE PACIOTTI チェザレ・パチョッティを参照。

PACO GIL　パコ・ヒル

シューズデザイナーのパコ・ヒルが1982年に設立したブランド。スペインのアリカンテ地方エルダで生産される靴は国内だけでなく世界各国で展開され、最先端のトレンドを取り入れたファッションフットウエアとして定評がある。

ヌスララ・シューカンパニー
ヌスララ・シューカンパニーの靴ブランド、ラパティの広告、1961年秋。

パリジオ

上　パリジオの広告、1964年夏。

左　パリジオの広告、1956年夏。

パリジオ
ブラウンのレザーと金糸ブロケードの
コンビの靴、1970年頃。

PALIZZIO　パリジオ

　1950年頃にレオ・ゴードンが創業したファミリー企業のパリジオは、兄のルーベンが設立したトーマス・コート・シューズ社の子会社としてスタートした。1967年に事業に加わったレオの孫のマイケル・エイブラムスが1980年に経営を引き継ぐと、スペインとイタリアに工場を開設してパリジオやプロクシー、ペリー・エリスといったブランドの靴の生産を開始した。1988年、パリジオはアルカディア・インターナショナル・シュコーポレーションに買収されるが、その後もエイブラムスは靴業界に残り、1995年にカスパーフットウエアを設立。パリジオの靴は、常に流行のカラーやディテールを取り入れたファッション性と実用性の双方を併せ持っていた。

PALTER DE LISO　ポルター・デ・リソ

　ダニエル・ポルターが1919年にニューヨークで創業し、1927年にジェイムズ・デ・リソが事業に参画する。ポルターがビジネス面を統括する一方でデ・リソがデザインを担当した。同社は1930年代にカラフルなレザーシューズを打ち出し、オープントウのスリングバックパンプスを発表。当初は物議を醸したこのスタイルが、1938年にニーマンマーカス賞を受賞する。1950年代には若い世代をターゲットとしてメイベル・**ジュリアネッリ**(p.132)がデザインを手がけるデ・リソ・デブスが新たなブランドとして加わった。その後、ポルターの息子のリチャードが会社を継承したが、1975年には事業の幕を閉じた。

ポルター・デ・リソ
上　デ・リソ・デブスの広告、1951-52年冬。

左　紫紅のスエード地にゴールドのキッド革をあしらったプラットフォームシューズ、1950年頃。

ポルター・デ・リソ
デ・リソ・デブスの広告、1956年秋。

パンカルディ
パンカルディとデルマンの
タイアップ広告、1985年秋。

PANCALDI　パンカルディ

　ナターレ・パンカルディが1888年にイタリアのボローニャで靴づくりをはじめて以来、4世代にわたって継承されている靴メーカー。第二次世界大戦後、創業者の孫にあたるナタリーノの代には事業の近代化と輸出の拡大を実現し、会社は大きく発展した。現在ステファノ・パンカルディが経営を統括する同社では、生産の大部分を輸出が占めている。パンカルディは、**マノロ・ブラニク**(p.150)、**ウォルター・スタイガー**(p.238)、アイザック・ミズラヒ(Isaac Mizrahi)、ファウスト・サンティーニ(Fausto Santini)、**フィリップ・モデル**(p.183)の靴を生産し、さらに1986年にはエスカーダ(Escada)の靴のライセンス生産権を得た。

PAPPAGALLOS　パパガロスに関しては、**ENCORE SHOE CORPORATION アンコール・シューコーポレーション**を参照。

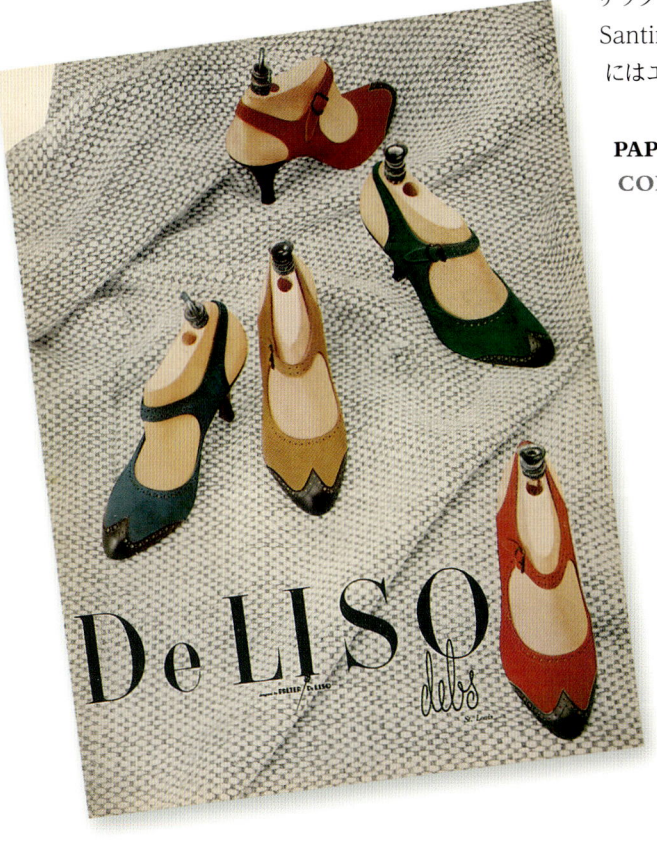

PATRICK COX　パトリック・コックス

　カナダのエドモントンで1963年に生まれる。1980年代初め、トロントでファッションデザイナーのルーカス・クレンサスに師事し、才能を見い出されてロンドンのコードウェイナーズ・カレッジへの進学を勧められる。その後まもなく成功が訪れた。学びはじめて1年も経たない頃、コックスはヴィヴィアン・ウエストウッド（Vivienne Westwood）の1984年"魔女"コレクションでプラットフォームシューズのデザインを発表。続いてジョン・ガリアーノ（John Galliano）、ワーカーズ・フォー・フリーダム（Workers for Freedom）、アナ・スイ（Anna Sui）の靴デザインを手がけ、1985年には会社を設立した。1987年にイングランド、次いでイタリアで自身のコレクションを発表し、1991年にロンドンでオープンした第1号店では、定番スタイルに独自のテイストを織り交ぜたデザインを展開した。現在はパリとニューヨークに店を構える。1993年には"ワナビー"ブランドを発表し、伝統的なハッシュパピースタイルをカラフルに再現したローファーのデザインが大人気となる。コックスは2003年から2005年まで**シャルル・ジョルダン**(p.58)のクリエイティブディレクターを務めた。

パトリック・コックス
ゴールドレザーの
プラットフォーム・ウエッジサンダル。
シャンデリアのモチーフ付き、
2005年。

PEDRO GARCIA　ペドロ・ガルシア

　ペドロ・ガルシアは1925年にスペインのアリカンテ地方エルダで子供靴の工房として創業し、ほどなく紳士靴用のファクトリーに事業を転換した。1954年に息子の同じくペドロが会社を引き継ぐと、同社のビジネスを婦人靴に一本化する。1965年にファクトリーを新設。1968年、米国ではニューヨークのヘンリー・ベンデルとバーグドルフ・グッドマン、英国ではラッセル＆ブロムリーでペドロ・ガルシアの靴の販売を開始した。現在は3代目ペドロ・ガルシアと姉のミラが事業を継承し、ペドロがデザインを担当する一方でミラが経営の采配を振るう。同社のハイファッションフットウエアは店頭およびオンラインでも販売されている。

PEGABO　ペガボに関しては、**ALDO** アルドを参照。

パトリック・コックス
上　パトリック・コックスの広告、1997年春。

右　グリーンのジェリーサンダル。水を溜めたヒールはメタル製ビッグベンのミニチュア入り。1996年夏。

PEGABO　181

PENALJO　ペナルジョ

　1930年代末に米国ミズーリ州セントルイスでペン・ハミルトンによって創業。ウォーキングシューズおよびデザイン性に優れたローヒールのカジュアルシューズを専門に扱った。1990年に破産保護申請を行い、売却先のノーウッド・シューコーポレーションによってコンフォートシューズのブランドとして再生された。

PETER FOX　ピーター・フォックス

　ロンドンで生まれ、キャンバーウェル・アートスクール（訳注：現キャンバーウェル・カレッジ・オブ・アーツ）およびケント州のメイドストン・アートスクールで彫刻を学ぶ。ロンドンの百貨店ハロッズで販売を経験した後、1956年にカナダのバンクーバーに移って靴の販売職に就いた。1970年、**ジョン・フルヴォグ**(p.128)と共同経営で店を構えると先鋭的で若々しいデザインの靴を展開した。フォックスはこの店にブーツを買いにやってきたリンダと出会い結婚。1981年に2人はニューヨークのソーホーにピーター・フォックス靴店をオープンさせた。共同で行ったデザインは、1982年発表のグラニー・ブーツコレクション（おばあちゃんの）や1985年のルイヒールパンプス、1986年のプラットフォームなど、ヴィンテージの影響を色濃く受けながら新たな流行を予感させるものだった（実際そのすべてが数年後にトレンドとして復活した）。フォックスは他にブロードウェイの舞台用シューズも創作した。2007年にニューヨークの店舗を閉鎖してピーター・フォックス自身も一線を退く。現在は元ソーホー店の店長ヘルガ・マギが事業を引き継ぎ、イタリアで生産されるピーター・フォックスの靴をオンラインで販売している。

ペナルジョ
ペナルジョの広告、1951年春。

ピーター・フォックス
フォックス＆フルヴォグのスペイン製ブラック＆ゴールドのレザーブーツ、1977年。

ピーター・カイザー
グリーンのレザー&ヘビ革の
プラットフォームシューズ。
ピーター・カイザー社のブランド、
パラダイスの商品、1970年代初め。

ピーター・フォックス
ステンドグラスをデザインした
革のブーツ、1973年。

PETER KAISER　ピーター・カイザー

　1838年にドイツのピルマゼンスでピーター・カイザーが開設した靴工房がやがてドイツ近代靴メーカーの先駆的存在となり、ピルマゼンスの町を後にドイツ靴産業の中心地とする原動力となった。ピーター・カイザー社はウィメンズのハイファッションシューズを専門に扱い、ドイツ国内およびポルトガルの関連工場で年間100万におよぶ靴を生産している。

PHILIPPE MODEL　フィリップ・モデル

　フランス人デザイナーのフィリップ・モデルは、靴にストレッチ素材を用いた画期的な手法で知られる。1983年、彼は下着用の厚手の伸縮素材を甲部分に使ってベーシックなフラットシューズを創作した。このシンプルなデザインコンセプトをもとにして、ブーツからパンプスやミュールにいたる様々なフットウエアに展開を広げている。

PIERRE HARDY　ピエール・アルディ

　ピエール・アルディは1956年に生まれ、パリのエコール・デ・ボザール（フランス国立高等美術学校）で学ぶ。1988年にディオール（Dior）、1990年からエルメス（Hermès）の靴デザインをはじめ、1998年にオリジナルのブランドを立ち上げた。アルディは"ブレード"ヒールと呼ばれる、側面はスティレットヒール状に細く背面はブロック状の薄い矩形のヒールで有名になった。この他にファッションスニーカーのラインも展開し、さらに2005年以降はギャップ（Gap）の靴コレクションをデザインしている。

PONS QUINTANA　ポンス・キンタナ

　スペインのミノルカ島アラヨールで1953年にサンティアゴ・ポンス・キンタナが創業。同社はメッシュ状に編みこんだレザー素材の靴やサンダルで定評がある。

POUR LA VICTOIRE　ポール・ラ・ヴィクトワール

　デヴィッド・ジョルダーノがデザインを手がけるブランド。2007年頃にニューヨークでスタートし、デザイン性に優れたブラジル製の靴を展開している。

PUPI D'ANGIERI　プーピ・ダンジェーリ

　イタリアのパラビアゴを拠点とする靴メーカー。ウィメンズのファッションフットウエアからはじまったダンジェーリ社は、1990年代初めにはメンズライン、コンフォートラインのボクシーズ、スポーツシューズのマックスフレイ、ブラジル製ブランドのプーピ、ラグジュアリーラインのナタリー・アカトリーニを展開するようになった。1992年にはダナ・キャラン（Donna Karan）の靴のライセンス権を取得した。

プーピ・ダンジェーリ
プーピ・ダンジェーリの広告、1986年冬。

ピエール・アルディ
上　メタリック加工したソフトナッパ（羊革）のスリングバックパンプス、2000年代末。

下　黒のパテントレザーにスティレットヒールのピープトウパンプス、2000年代末。

PURA LOPEZ　プーラ・ロペス

　1956年にアントニオ・ロペス・モレノによって設立されたスペインの靴メーカー。ファミリー企業の同社では、現在、プーラ・ロペスがデザインを手がけ、中価格帯でトレンド志向のフットウエアを展開している。

QUALICRAFT　クオリクラフト

　1950年頃に設立された米国のリーズナブルな婦人靴ブランド。クオリクラフトの靴は米国内ではチェーン店のベーカーズ・リーズで展開され、さらに国内外の直営店や百貨店でも販売されていたが、1980年にブランドの幕を閉じた。

QUEEN QUALITY　クイーンクオリティ

　1898年にトーマス・プラントが立ち上げたブランド、クイーンクオリティによって成長した会社。第二次世界大戦後、米国マサチューセッツ州ジャマイカプレーンの同社の工場は婦人靴専門の生産工場としては世界最大規模を誇り、上質でしかもリーズナブルな価格帯の靴を提供した。1960年代に生産は中止となり、1976年には廃墟となった工場は火災で焼失した。

R. GRIGGS　R・グリッグに関しては、DOC MARTENS ドクター・マーチンを参照。

RAUTUREAU　ルートゥロウ

　1870年、ジャン＝バティストゥ・ルートゥロウがフランスのラゴブルティエールで靴の工房を開設。現在もその地で、孫のギィとイヴォンの兄弟がデザイナーとして靴づくりを継承している。2人は1975年にアップルシューズと

クオリクラフト
ベーカーズ・リーズ店で展開されたクオリクラフトの広告、1974年秋。

クイーンクオリティ
インターナショナル・シューカンパニーによるクイーンクオリティの広告、1960年秋。

いうブランドを設立し、高感度な若年市場に向けて、ポムダピ、フリーランス、スラッガー、(スケートボード用シューズの)エトニーズ、スプリングコート、ノーネームなどのラインを展開している。1990年代にはお洒落なプラットフォームシューズと独創的な(ボール紙の靴箱ではなく、プラスチックやブリキの波板にルル・ピカソのイラストを入れた)パッケージで評判となる。ルートゥロウの靴はグローバルなチェーン店のフリーランスで販売されている。

RAYNE　レイン に関しては、H. & R. RAYNE　H&R・レイン を参照。

REBECA SANVER　レベッカ・サンベール

ホセ・ホアン・サンチス・ブスキエールは、1987年にスペインのエルダで靴メーカーのフロレンシア・マルコ社を設立した。正式な社名は現在も変わらないが、同社はウィメンズフットウエアの基幹ブランド、レベッカ・サンベールの名で広く知られている。2003年に価格帯を押さえた若者向けブランドのトゥービー(To Be)を新設した。

RED CROSS　レッドクロス

1905年から1960年代まで、レッドクロスは屈曲性に富んだコンフォートソールで人気の靴ブランドとして知られていた。1942年、同社は人道機関のレッドクロス(赤十字)社との混同を避けるためにその名を使用しないことに同意。レッドクロスの靴の生産は、もともと米国のシンシナティでクローン・フェックハイマー社(後の**ユナイテッドステイツ・シューコーポレーション**〈p.232〉)が行っていた。

RED OR DEAD　レッド・オア・デッド

ウェインとジェラルディンのヘミングウェイ夫妻は、1982年にロンドンのカムデンマーケットで古着屋を開店した。当初はストリートファッションを展開していたが、1年後には**ドクターマーチン**(p.72)のブーツを普及させて人気となる。レッド・オア・デッドは後にイングランド各地に店を構え、コペンハーゲンや東京にも出店した。1995年から3年連続で英国ファッション協会選出の"ストリートスタイル・デザイナー・オブ・ザ・イヤー"を受賞。1996年にペントランド社の傘下のブランドとなった。

レッド・オア・デッド
ドクターマーチンとのコラボレーション、宇宙ベイビー・コレクションのブーツ、1990年春夏。

RED OR DEAD

RENÉ CAOVILLA　レネ・カオヴィラ

　レネ・カオヴィラは1952年からヴェネツィア近郊のリヴィエラ・デル・ブレンタで靴職人の父のもとで修行を重ね、1955年にデビューコレクションを発表した。常に品質を重視するカオヴィラがつくり出す靴は、刺繡やビジューを散りばめたデザインで有名となり、ヨーロッパ各地の厳選された顧客に販売された。1980年代にイヴ・サンローラン(Yves Saint Laurent)とのコラボレーションを実現。1990年代末にはシャネル(Chanel)やディオール(Dior)の靴を手がけた。2000年に初のサロンをヴェネツィアに開設し、その後もカオヴィラは世界市場に向けて事業を拡大し続けている。

レネ・カオヴィラ
ワイヤーストラップ付き黒いスエードのイヴニングシューズ、1990年代初め。

ルネ・マンシーニ
ローレン・バコールのためにつくられた濃紺のレザーパンプス、1960年代末。

RENÉ MANCINI　ルネ・マンシーニ

　ルネ・マンシーニは、その卓越した技術で、バルマン（Balmain）、ジバンシィ（Givenchy）、マンギャン（Manguin）、ファット（Fath）、シャネル（Chanel）といったクチュリエを顧客に持ち、ビスポーク靴を手作業で仕上げたパリの名匠の1人。1953年に仕事をはじめて以来、マンシーニの顧客リストには、ジャクリーン・ケネディ、グレタ・ガルボ、グレース王妃、タイのシリキット王妃、ローレン・バコール、オードリー・ヘップバーンなどが名を連ねた。1986年にマンシーニが他界した後もブランドは継承されている。

RIEKER　リーカー

　ハインリッヒ・リーカーは1874年にドイツのトゥットリンゲンでリーカー・シューカンパニーを設立した。カジュアルでファッション性に優れたコンフォートシューズを生産するリーカー社は、1986年に米国に進出し、1990年にブレヴィット社を買収して英国市場に参入、さらに1995年にカナダへと販路を広げた。東欧、北アフリカおよびベトナムに構えるリーカー社の生産拠点では1日あたり7万足の靴が生産され、50カ国を超える国々に輸出されている。

ロベール・クレジュリー
靴のファッションフォト、2006年冬。

ROBERT CLERGERIE　ロベール・クレジュリー

　ロベール・クレジュリーは陸軍将校、会計士、不動産業などを経た後にパリ高等商業学校で学んだ経歴を持つ。デザインの実績というよりも持ち前の説得力あふれるパーソナリティを買われて、1970年に**シャルル・ジョルダン**(p.58)の幹部となり、ザビエル・ダノ部門を統括した。1978年、クレジュリーはフランスのロマンを拠点とする**ユニック社**(p.230)の経営権を獲得して同社の再編を進めるとともに、1981年には自身がデザインを手がけるブランドのロベール・クレジュリーを設立した。1983

年、ユニック社の創設者にちなんでジョセフ・フェネストリエの名でメンズブランドを創設。装飾を抑えた端正なそのデザインで、クレジュリーは1987年と1990年に『フットウエアニュース』誌のデザイナー・オブ・ザ・イヤー賞に輝いた。さらに1992年には、クレジュリーの建築的造形のヒールがニューヨーク・ファッションフットウエア協会より表彰される。その後、商品ラインを拡大してディフュージョンブランドのエスパス・バイ・ロベール・クレジュリーを新たに追加した。彼は1996年に一線を退いたが、2005年に会社を買い戻して復帰。再びコレクションの創作に参画している。2005年、クレジュリーはファッションフットウエア協会の殿堂入りを果たした。

ROBERTO BOTTICELLI　ロベルト・ボッティチェッリ

1941年創業のハイセンスなイタリアブランド。ショールームをミラノに構える。ロベルト・ボッティチェッリは伝統的なスタイルを現代的にアレンジし、スタイリッシュだが流行に左右されない靴づくりに秀でている。

ROCKPORT　ロックポート

1973年にブルース・カッツによって創設されたブランド。ボストンにある父の輸入会社で働いていたカッツは、シンプルな白い箱に入った数々の靴の中からロックポートと呼ばれる革製のカジュアルなドレスシューズを見つける。靴箱にロックポートと印字してブランド名として展開すると、それが1980年代初めには大ヒット商品となった。ロックポートは1986年にリーボックの傘下となり、2005年にはリーボックおよびその全保有権はアディダスに渡った。

RODOLPHE MENUDIER　ロドルフ・ムニュディエール

ロドルフ・ムニュディエールはフリーランスの靴デザイナーとして数多くのフランスファッションメゾンの仕事を経た後、1994年にパリで自らのブランドを立ち上げた。1996年に紳士靴の展開をはじめ、2001年にはパリのカスティリオーネ通りに直営店を開設した。

ロベール・クレジュリー
黒のキッド革プラットフォームシューズ、1990年代中頃。

ROGER VIVIER　ロジェ・ヴィヴィエ

　ロジェ・ヴィヴィエ(1907-98年)はパリのエコール・デ・ボザールで彫刻を学んだ。1937年、ロワイヤル通りにアトリエを開設するとまもなくフリーランスデザイナーとしてピネ(Pinet)や**バリー**(p.29)、**ハーマン・デルマン**(p.113)など様々なブランドの靴を手がけた。1940年代初めにはニューヨークに拠点を移して帽子のデザインを学び、1945年にスザンヌ・レミと共同で帽子店スザンヌ&ロジェを構える。1947年にパリに戻るとフリーランスの仕事を再開し、1953年には英国女王エリザベス2世の戴冠式での靴を創作した。同年、ヴィヴィエはデルマン-クリスチャン・ディオールのブランド名で既製靴のデザインを手がけた。1955年、靴デザイナーとして初めてブランドとのダブルネームを実現。彼がデザインした靴のロゴには"クリスチャン・ディオール・バイ・ロジェ・ヴィヴィエ"の文字が刻印された。ディオールとその後継者のイヴ・サンローランの両氏とのコラボレーションを展開したヴィヴィエは、その革新的なトウやヒールのデザインで名声を確立する。ディオールには様々なスティレットヒールを提案し、一方サンローランの時代には1962年の"コンマ"ヒールを筆頭に、ボール、針、ピラミッド、エスカルゴ、糸巻きなど、ヒールのフォルムに合わせて命名したシリーズを打ち出した。1961年にニーマン・マーカス賞を受賞。1963年、パリのフランソワ・プルミエ通りにデザインスタジオを開設してシグネチャーラインを立ち上げた。イヴ・サンローラン(Yves Saint Laurent)、エマニュエル・ウンガロ(Emanuel Ungaro)、シャネル(Chanel)、エルメス(Hermès)などのデザインを手がけたヴィヴィエは、1972年までパリクチュール界の中心的存在として君臨する。ヴィヴィエのデザインは、ビニールやメタリック仕上げのレザー、フェイクファー、ストレッチ素材といった斬新なマテリアルを特徴としたものだった。1972年になるとヴィヴィエは仕事量を減らし、いくつかのデザイン契約は結んだものの新たなコレクションの創作は行わなくなった。しかし1994年に**ルートゥロウ**(p.185)のアップルシューズと提携してアーカイヴから復刻版を製作するというプロジェクトが決定すると、半ば引退状態だったヴィヴィエは第一線に復帰。コンマヒールやチョコヒールといったデザインが再現された。ヴィヴィエは1995年に自身の名を冠したサロンをパリに開設し、1998年に亡くなるまで生涯その場所で仕事を続けた。彼の没後、ブランドは**ディエゴ・デッラ・ヴァッレ**(p.71)の傘下となる。

ロジェ・ヴィヴィエ

上　シルバーメタルの
イヴニングパンプス、1960年代中頃。

左　ヒール部分をラインストーンの
オブジェで飾った黒いサテン地の
イヴニングサンダル、1990年代中頃。

右ページ　サテン地に刺繍を施した
イヴニングパンプス、1963年頃。

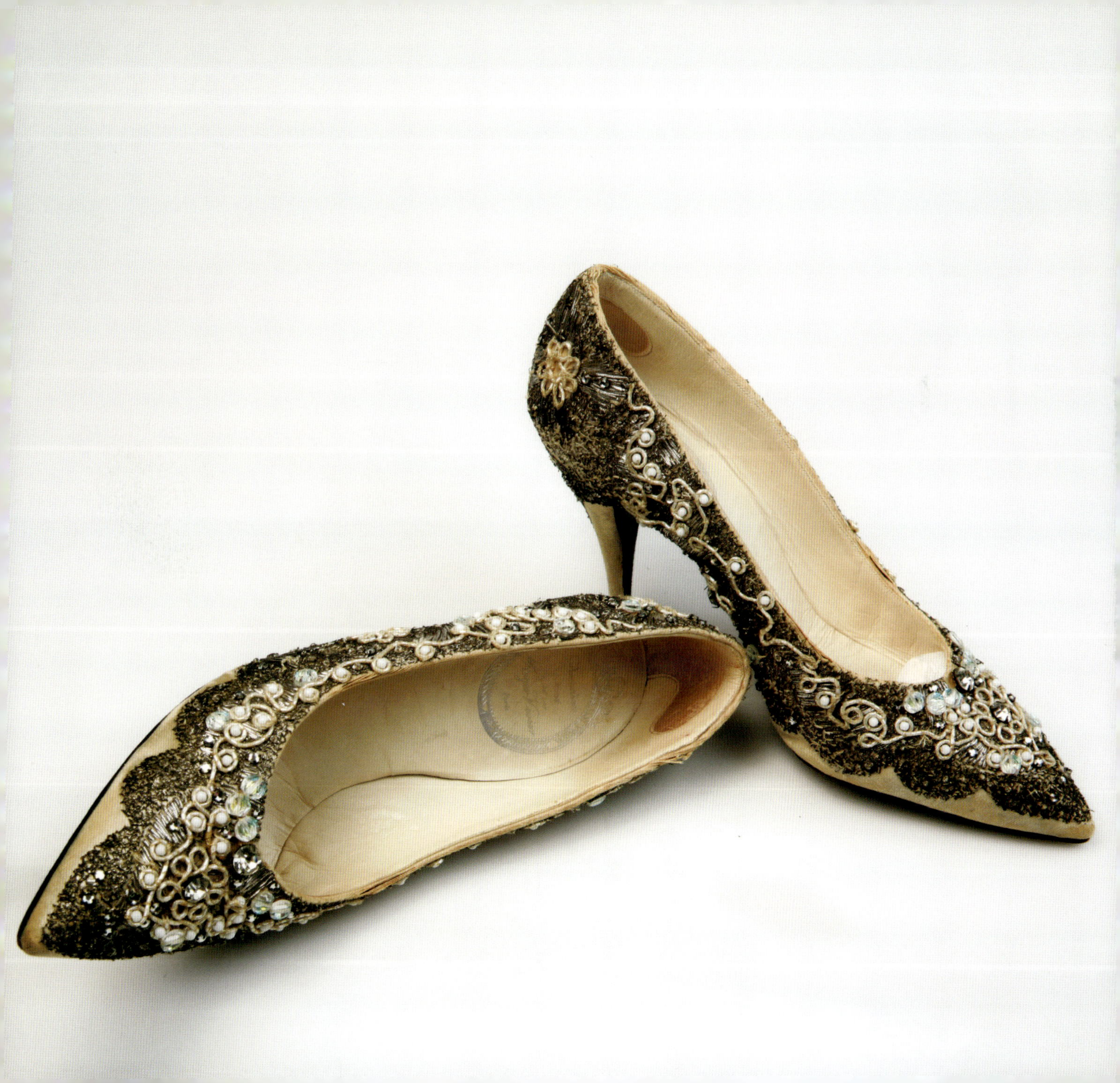

ローザシューズ
左、下　アンクルストラップ付きパンプスと
オックスフォードシューズ、2009年。

ROMIKA　ロミカ

　1936年にヘルムート・レムが創設者から商標権を取得して再興したロミカは、1950年代にはラバーブーツやラバーソールの靴で知られる会社に成長する。その後カジュアルシューズ市場に参入し、1960年代から1970年代には生産拠点をスペインに拡大した。1988年にヘルムート・レムが他界するとロミカの経営権はルネ・イェギに渡り、さらに2005年には**ヨセフ・サイベル**（p.131）に売却となった。現在は東欧および極東地域を生産拠点として、年間500万の靴を生産している。

ROOTS　ルーツ

　マイケル・バドマンとドン・グリーンは1970年代初頭の健康シューズブーム（**ビルケンシュトック**〈p.40〉や**アースシューズ**〈p.75〉など）の影響を受け、1973年にカナダのトロントで小規模な靴の製造販売会社を創業。社名をルーツとした。今日にいたるまでルーツはアパレルや小物にも商品ラインを拡大し、現在カナダおよび米国の120を超える店舗、およびアジアの60以上の販売拠点で展開している。

ルーツ
ルーツの靴の広告、1993年春。

ROSA SHOES　ローザシューズ

　1983年夏にロジャー&サラ・アダムスによって創業。2人はヴィンテージのスティレットシューズや、英国製の"エキセントリックなスタイル"として、トウが際立って長く尖った靴をパンクやニューウェーブ世代をターゲットに展開した。ローザシューズはその後も極端に細いウィンクルピッカーのスタイルを打ち出し続け、現在はエドアルド・アマランティの監修のもと、イタリアで生産を行っている。

ROSINA FERRAGAMO SCHIAVONE　ロジーナ・フェラガモ・スキアヴォーネ

　サルヴァトーレ・フェラガモ(p.202)の妹のロジーナは1960年代末から1980年代にかけて靴のデザインを行った。ロジーナの作品についてフェラガモ社では全く言及されていないことから、彼女のデザインは同家から必ずしも支持を得ていたわけではないと思われる。

ロジーナ・フェラガモ・スキアヴォーネ
左上　黒のキッド革に艶消しメタルのモチーフをあしらったパンプス、1960年代末。

上　ベージュ、白、黒のパテント革スリングバックパンプス、1960年代末。

ROSSIMODA　ロッシモーダ

　ナルチーソ・ロッシが1942年にイタリアのヴィゴンツァで創業。家族経営のロッシモーダは1956年に息子のルイジに継承される。高級靴の生産では最大規模を誇る会社に成長した同社は、イヴ・サンローラン(Yves Saint Laurent)、アン・クライン(Anne Klein)、ウンガロ(Ungaro)、ジェニー(Genny)、さらに近年ではラクロワ(Lacroix)、ジバンシィ(Givenchy)、プッチ(Pucci)、マーク・ジェイコブス(Marc Jacobs)、ケンゾー(Kenzo)、セリーヌ(Celine)、ダナ・キャラン(Donna Karan)など、数多くのブランドの靴を手がけている。2003年にLVMHファッショングループがロッシモーダの支配株主となった。

ロッシモーダ
赤いパテント革の靴、1970年頃。

RUDOLF SCHEER　ルドルフ・シェア

　ほぼ200年にわたる靴づくりの歴史に育まれ（かつてはオーストリア皇帝フランツ・ヨーゼフに仕える皇室御用達の靴店だった）、今なおビスポーク靴をつくり続けているブランド。時流に流されることのないルドルフ・シェアの靴は常に最高級の品質を誇る。購入した顧客がその靴を履き続ける限り、ルドルフ・シェアは無償の修理およびサービスを提供している。

RUPERT SANDERSON　ルパート・サンダーソン

　1966年生まれ。ルパート・サンダーソンは**セルジオ・ロッシ**（p.208）で働いた後、1998年から2000年までロンドンのコードウェイナーズ・カレッジで靴づくりを学んだ。ロンドンとイタリアのボローニャを拠点として活動し、2001年以降は様々な水仙の花の名をつけた靴コレクションを展開している。自身のブランドの他にファッションデザイナーのマーガレット・ハウエル（Margaret Howell）やジーン・ミュア（Jean Muir）の靴デザインも担当。2004年にはロンドンのメイフェア地区に第1号店がオープンした。

ルドルフ・シェア
深緑色のスエードのパンプス、1950年代末。

ルパート・サンダーソン
上　濃紺のスエードの
パンプス"マグノリア"、2009年秋冬。

右　黒いカーフレザーの
シューズ"アステロイド"、2009年秋冬。

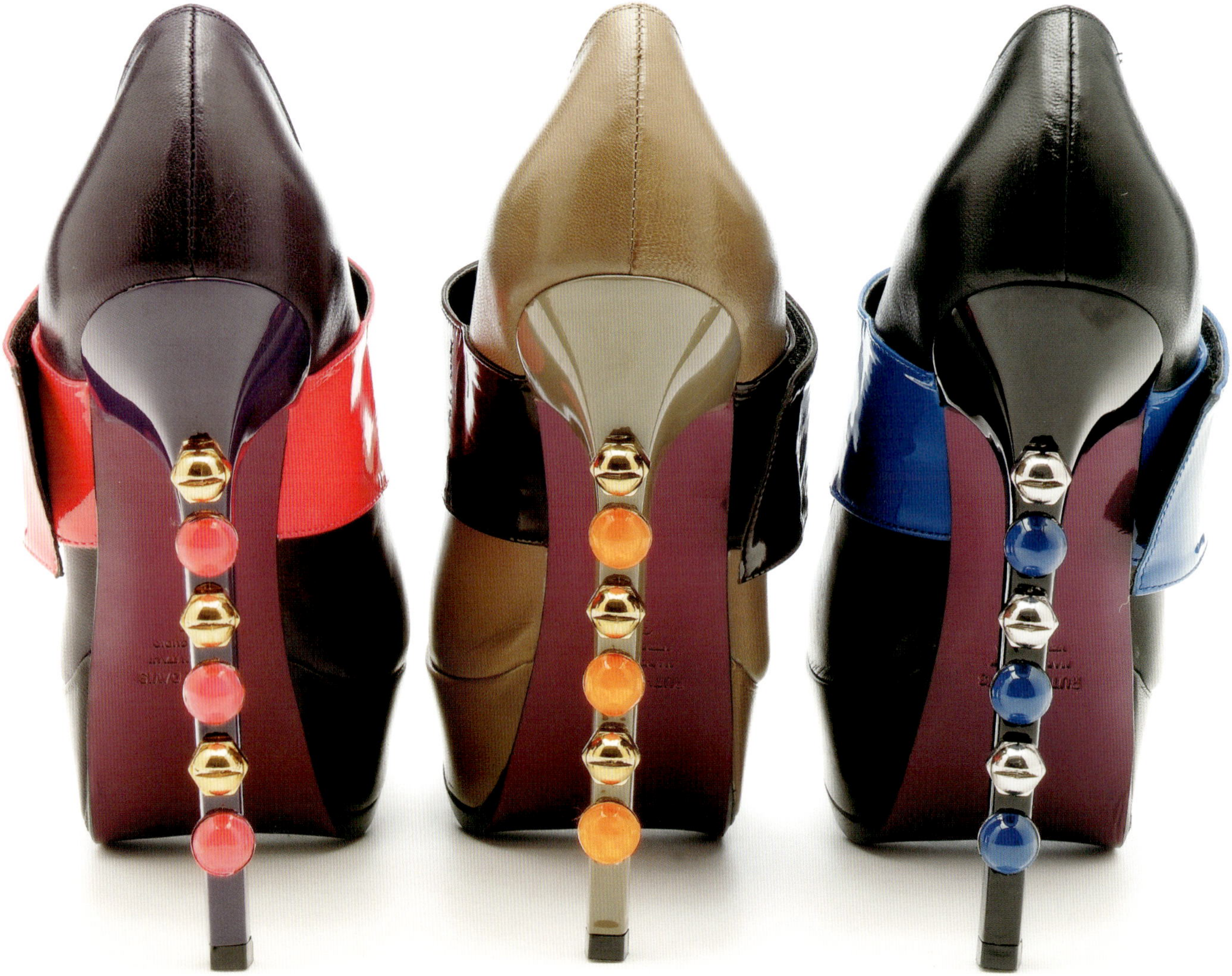

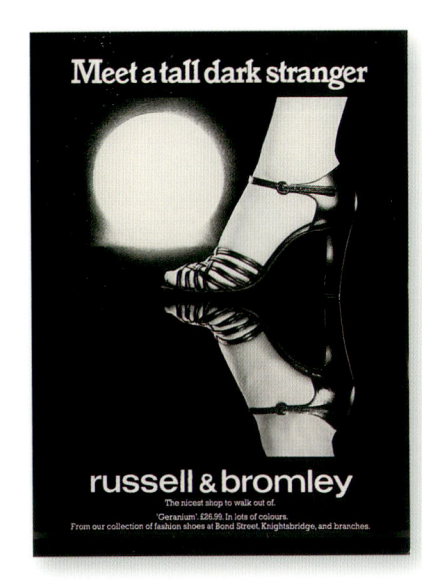

RUSSELL & BROMLEY　ラッセル&ブロムリー

　ジョン・ラッセルによる創業は1820年に遡るが、メインストリートの靴店としてラッセル&ブロムリーの名が広く知れ渡るようになったのは1947年のことだった。第1号店をロンドンのボンドストリートとコンデュイットストリートの角に構えて以来、ラッセル&ブロムリーは2009年までに47のチェーン店を抱えるまでに成長した。

RUTHIE DAVIS　ルシー・デイヴィス

　ルシー・デイヴィスはリーボック社で靴業界での第一歩を踏み出し、やがてリーボッククラシック事業部の責任者となる。アグ(Ugg)やトミー・ヒルフィガー(Tommy Hilfiger)でのマーケティング職を経た後、2006年にモダンでハイセンスなオリジナルのイタリア製靴ブランドを創設した。

SACHA　サシャ

　1909年にバルト・テルメールによってオランダで設立された家族経営の靴メーカー。創業者の孫であるバートとパウルが1970年代に事業を引き継ぎ、サシャというブランド名で第1号店を開いた。サシャとはロシア語のアレクサンダーの略語で"守護神"を意味する。サシャの靴は流行に敏感な若者をターゲットとしてデザインされている。

SACHA LONDON　サシャロンドン

　1950年代末にロンドンで創業した靴メーカー。英国に移住した創業者の祖父"サシャ"にちなんでブランド名がつけられた(訳注：日本ではサチャロンドンとも呼ばれる)。1988年にスペイン資本となり、現在はサシャロンドンの他にスポーツ&カジュアルシューズを扱うサシャトゥーとリーズナブルな価格帯のサシェーリェというブランドを展開している。

ラッセル&ブロムリー
上　ラッセル&ブロムリーの広告、1976年春。

サシャロンドン
右　スエード素材でアップリケを施したパンプス、1980年代末。

ルシー・デイヴィス
左ページ　3色のカラフルなパテントレザーで飾ったスティレットシューズ、2009年秋冬。

SALAMANDER　サラマンダー

　ヤコブ・ジクルは1885年にドイツのシュトゥットガルト近郊コーンヴェストハイムで製靴会社を創業。後に社名をサラマンダーと改め、1960年にフランス、1969年にはオーストリアに事業を拡大した。ドイツ最大規模の靴メーカーとなったサラマンダーは、1967年の最盛期には年間1350万を数える靴の生産を行っていたが、その数は1981年には800万足に減少する。ドイツの再統一が実現した1990年代、同社はその事業拠点を再び拡大して旧東ドイツ、旧チェコスロバキア、ポーランド、ハンガリー、ロシアに進出するが、2004年に破産を宣告した。

SALVATORE FERRAGAMO　サルヴァトーレ・フェラガモ

　サルヴァトーレ・フェラガモ(1898-1960年)はイタリアで生まれ、靴職人のもとに弟子入りする。その後1914年に渡米して靴の商売に関するあらゆるノウハウを本格的に学んだ。彼はアメリカ流の生産方式、革の染色方法、さらに足の構造を知るための解剖学を研究した後、小さな靴工房を開く。折しも映画産業が急成長した時代に幸運にもサンタバーバラで仕事を得たサルヴァトーレは、映画スターやハリウッドの制作会社から絶大なる支持を得た。1927年にイタリアに帰国すると、当時の経済情勢からウッドやコルクといった代替素材の使用を余儀なくされるが、そこでプラットフォームシューズを考案するなど因習にとらわれないデザインを世に送り出した。戦後、サルヴァトーレは次々に新たなデザインの原型を発信する。1947年にクリスチャン・ディオールのニュールックと並んでニーマンマーカス賞に輝いた靴コレクションでは、甲部を透明ナイロン糸のストラップでデザインした"見えない"サンダルを発表。このスタイルは今日もなお継続するロングセラーとなった。1950年代にはスター御用達の靴職人の座に返り咲く。王族や伝説的なハリウッドスターを含む当時の顧客たちは、サルヴァトーレがフィレンツェで拠点を構えた中世の建物、スピーニ・フェローニ宮殿に自ら足を運んでは名匠にビスポーク靴を仕立てさせた。彼の革新的なデザインの数々は、後に数百におよぶ特許取得につながった。サルヴァトーレは1950年代に極端に細いスティレットヒールを使った先駆的デザイナーの1人と称される。彼がこの世を去った1960年当時、工房では1日に350足の靴が手作業で仕立てられていた。サルヴァトーレの没後

サルヴァトーレ・フェラガモ
履き口にギザ型デザインを入れた黒いスエードのローヒールパンプス、1954年。

サルヴァトーレ・フェラガモ

上 黒いスエード地に
白ミンクのアグレットをつけた
オックスフォードシューズ、1950年頃。

右 白いスエード地の
モンクストラップパンプス、1951年。

も、その事業は家族に受け継がれている。長女の**フィアンマ・フェラガモ**(p.90)は1961年にロンドンでデビューコレクションを披露し、1990年代を通じてフェラガモ社の発展に尽くした。現在フェラガモ社は、イタリアのラグジュアリー靴市場で最大の輸出規模を誇り、その生産量は日産1万足を超える。2009年、サルヴァトーレの孫娘にあたるヴィヴィア・フェラガモがリバティ・オブ・ロンドンの靴コレクションを立ち上げ、フェラガモ社は日本人デザイナーのヨウジ・ヤマモトとのコラボレーションを行った。

SAM & LIBBY　サム&リビー

　サム・エデルマンは皮なめし業を営む家系に生まれた。祖父が創業した製革会社フレミング・ジョフィ社は、靴業界にエキゾチックレザーを卸販売していたが、1976年に同社が閉鎖されるとサムと父親のアーサー・エデルマンは新たな事業を興し、初のコレクションとしてラルフ・ローレン(Ralph Lauren)の靴を手がけた。その後、アーサーが靴ビジネスを離れて皮革販売業をはじめたため、サムは妻のリビーとともに1985年にエスプリ(Esprit)の靴部門を立ち上げる。1988年、2人はオリジナルブランドのサム&リビーを創設。旗揚げ当初はバレエフラットが大成功を収めるなど好調だったが、その後は振るわず、1996年に登録商標およびブランド名はマックスウェルシューズに売却となった。

SANDRO VICARI　サンドロ・ヴィカーリ

　1960年にイタリアのヴェネツィア近郊で創業。サンドロ・ヴィカーリは最先端のファッションフットウエアを生産し、世界各国の厳選された店舗でサンドロ・ヴィカーリ、ヴィカーリ、リネアウォリーのブランド名で展開している。

SARA NAVARRO　サラ・ナバーロ

　サラ・ナバーロは製靴会社の3代目として1957年に生まれ、1979年に家業のコンフォートスペイン社(大規模生産の靴メーカー)のデザイン部門に加わる。1988年に海外ファッション市場に向けたブランドのヴィア・サラ・ナバーロを設立。続いて1992年にパリでマルティーヌ・シットボン(Martine Sitbon)の靴のコレクションを担当するなど、ファッションデザイナーとのコラボレーションを実現した。彼女はサラ・ナバーロのラインを継続するとともに、カジュアルな妹ブランドのプリティシューズのデザインも手がけている。

Esprit De Corp's Spring '86 Shoe Collection in line department stores and specialty shops throughout the United States and Canada

サム&リビー
サム&リビー・エデルマンによるエスプリの靴の広告、1985-86年冬。

スビカ
スビカの広告、1957年秋。

SARKIS DER BALIAN　サルキス・デル・バリアン

アルメニアのシリジアで生まれたデル・バリアンは7才で孤児となり、靴職人だった育ての親から靴づくりを習う。1929年にパリに渡るとフリーランスの靴デザイナーとして仕事をはじめた。1943年にパリで工房を構え、まもなくサントノーレ通りに移設。やがてその作品が認められ、バリアンは数多くの賞を授与され称賛を浴びる。マリー・キュリー、グレタ・ガルボ、サルバドール・ダリ、リリー・ポンス、ユーディ・メニューインなど数々の著名人の靴を手がけたバリアンは、1996年に没する前年まで生涯を通じて靴づくりに専心した。

SAVAGE SHOES　サヴェッジシューズ

カナダのオンタリオ州プレストンで1930年代末に3社合併によって設立。さらに1940年代に地元企業数社、1963年にメドカーフシューズとスクロギンズ・シューカンパニーも吸収された。サヴェッジシューズ社は主に女性用と子供用のセメント製法の靴を、アメロス、ハイロス、ハールバート、クーリーズ、マクヘイル、メロディ、ナチュラフィット、ランド、サヴェッジ、センセーション、ティーナーズなどのブランドで生産し、さらに米国ブランドの**クイーンクオリティ** (p.185)やバイタリティのカナダでの生産も行ったが、1980年代末に事業は閉鎖された。

SBICCA　スビカ

　創業者のフランクとアーネスタのスビカ夫妻はともにイタリア出身。近隣で生まれ育った2人だが、アメリカ移住後に出会い結婚する。2人は1920年にフィラデルフィアで創業。自宅の居間で手作業で靴を製作することからはじめた。やがて生産量の増加に伴って1943年に会社をカリフォルニア州に移転すると、新天地での環境が新たなデザインのインスピレーションとなり、後に同社のアイコンとなるサンダルなどが生み出された。現在も家族経営を続けるスビカだが、近年生産の一部を海外に移転した。

SCHLESS, EVELYN　イヴリン・シュレス

　ニューヨークの靴デザイナー。靴の業界誌『ブーツ&シューレコーダー』の編集者をしていたイヴリン・シュレスは、1964年に転身して靴のデザインをはじめる。瞬く間に成功した彼女は、**デヴィッド・エヴィンス**(p.87)や**ジェリー・エドワール**(p.125)といったラグジュアリーブランドの靴デザイナーたちと肩を並べるようになるが、1968年6月に急逝した。

SCHWARTZ & BENJAMIN　シュワルツ&ベンジャミン

　1923年にニューヨークで創業以来、シュワルツ&ベンジャミン社は他社ブランドの靴の製造に従事していた。1950年代に自社ブランドのカスタムクラフトを立ち上げるが、創業者の息子アーサー・シュワルツの代になると、事業の中心は輸入販売および有名ブランドのライセンス生産にシフトしていった。同社は長年にわたって、イヴ・サンローラン(Yves Saint Laurent)、ジバンシィ(Givenchy)、アン・クライン(Anne Klein)、マイケル・コース(Michael Kors)、ジューシー・クチュール(Juicy Couture)、ダイアン・フォン・ファステンバーグ(Diane von Furstenberg)、ケイト・スペード(Kate Spade)などのブランドの靴を生産した。現在は創業者の孫にあたるダニー・シュワルツがCEOを務め、妻のバーバラが商品開発を統括する。2人は2005年にファッションフットウエアを扱うオリジナルブランドのダニーブラックを設立した。

SEBAGO　セバゴ

　1946年にセバゴモック社として創業し、1948年には革製のボートシューズを開発した。同社は1969年に発表した新ブランドのジョリー・ロジャースを皮切りに、ドックサイド(1970年発表。1980年代のプレッピースタイル全盛時に大流行した)、ジェシー・ジェーン(1971年)、キャンプサイド(1981年)、ドライサイド(1994年)と次々にブランドを創設する。セバゴ社は2003年に**ウルヴァリン**(p.242)の傘下に入った。

シュワルツ&ベンジャミン
シュワルツ&ベンジャミンのブランド、カスタムクラフトの広告、1956年春。

SELBY SHOE COMPANY　セルビー・シューカンパニー

　米国オハイオ州ポーツマスで1869年に創業。1920年代に立ち上げた履き心地の良いファッションシューズのブランド、アーチプリザーバーは、実に1950年代にいたるまで当時の米国ウィメンズ・ファッションフットウエア市場で大きなシェアを占めた。1957年に**ユナイテッド ステイツ・シューコーポレーション**(p.232)の傘下に入った後もセルビー社は存続したが、その後さらに**ジョーンズ・アパレルグループ**(p.131)に売却となり、2000年に事業の幕を閉じた。

SEMLER　セムラー

　1863年にドイツのピルマゼンスでカール・セムラーによって創業。セムラー社は幅広い靴のラインナップを展開していたが、中でも女性用のファッションフットウエアで1925年頃までにその名が知られるようになった。1945年3月の空襲で工場は全焼。会社の再建にあたって同社は婦人靴の生産に限定し、履き心地に優れたカジュアルシューズを専門に扱うようになった。

セルビー・シューカンパニー
セルビー・シューカンパニーの広告、1965年秋。

セムラー
セムラーの広告、2009年。

SEMLER　207

SERGIO ROSSI　セルジオ・ロッシ

　セルジオ・ロッシは、イタリアのロマーニャ地方で靴職人の父から靴に関するあらゆる基礎を学ぶ。思い切ってミラノに出たロッシは、その後1966年の夏にはボローニャの靴店に靴のデザインを売りはじめた。彼の初のヒット作はソール部分が巻き上がった形のオパンカと呼ばれるサンダルだった。1970年代にジャンニ・ヴェルサーチ（Gianni Versace）とのコラボレーションを展開。1980年代から1990年代には事業拡大を推し進め、ローマからロサンゼルスにいたるまで、毎年ほぼ2店舗のペースで出店を続けた。彼はアズディン・アライア（Azzedine Alaïa）をはじめとするデザイナーとのコラボレーションを実現し、さらに1989年からは10年間にわたってドルチェ＆ガッバーナ（Dolce & Gabbana）の靴のデザインも手がけた。会社は1999年に**グッチグループ**（p.105）の傘下となり、ロッシ自身は2005年11月に一線を退く。同社のクリエイティブディレクターには、2006年からエドムンド・カスティッロ、次いで2009年にはイヴ・サンローラン（Yves Saint Laurent）やミュウミュウ（Miu Miu）の靴デザインを手がけたフランチェスコ・ルッソが就任した。

セルジオ・ロッシ
左上　マルチカラーレザーの
ピープトウ・アンクルブーツ、2010年春夏。

上　光沢のあるヘビ革
パンプス"ブラッシュ"、2010年春夏。

セルジオ・ロッシ
ゴールドのスパンコール煌く
グラディエーターサンダル、2010年春夏。

シーモア・トロイ
シーモア・トロイの広告、1965年秋。

SEYMOUR TROY　シーモア・トロイ

　ポーランドのウーチで生まれたシーモア・トロイは、まだ幼少だった頃の1910年に渡米した。1923年に小さな靴工場を開設し、人目を引く外国名のYRTOとした。やがてトロイは自身の名前でオーダーメイドの靴づくりをする一方、トロイリングスというブランド名で既製靴のコレクションも展開。1920年代末にはアシンメトリーなストラップのデザインで知られるようになる。35年にわたって新たなデザインを打ち出してきた彼の功績が称えられ、1960年に全米靴産業協会から初のマーキュリー賞を授与された。1975年に他界。カットやディテールの斬新な黒いスエードのハイヒールパンプスに代表されるように、トロイの靴はデザイン性と実用性とのバランスを追求したものだった。

SHY　シャイ

　イタリアのヴェネツィア近郊で2001年に創業。シャイはラグジュアリーな靴とバッグを専門に製造し、モスクワから香港にいたるまで各国のリテーラーで販売している。

SIDONIE LARIZZI　シドニー・ラリジ

　1942年にアルジェリアで生まれたシドニー・ラリジは、1978年にパリのクチュリエの靴デザインを手がけはじめた。彼女は主に個人の顧客やファッションショーのためにビスポーク靴を創作する一方、既製靴のラインも展開している。

SIGERSON MORRISON　シガーソン・モリソン

　カリ・シガーソンとミランダ・モリソンはニューヨーク州立ファッション工科大学のデザインのクラスで出会い、1991年にマンハッタンの小さなスタジオでハンドメイドの靴を展開するシガーソン・モリソンを設立した。1992年にバーグドルフ・グッドマンが彼らの靴を店頭展開したことから瞬く間に需要が高まり、1995年には生産拠点を北イタリアに移転するまでにいたった。

SILVIA FIORENTINA　シルヴィア・フィオレンティーナ

　シルヴィア・サッピア・バルディは1957年にフィオレンティーナというブランドを設立し、自身のデザイナー名をシルヴィア・フィオレンティーナとした。彼女はイタリアで靴の製造をはじめた米国人デザイナーの草分け的存在であり、ニューヨークのバーグドルフ・グッドマンとはフィオレンティーナの靴を長期展開する契約が交わされた。

シガーソン・モリソン

上　足首で結ぶアンクルカフス付き、黒とゴールドの革製フラットサンダル、2009年。

左　ストラップデザインが特徴的なメタルゴールドの革製フラットサンダル、2009年。

シドニー・ラリジ
シドニー・ラリジの広告、1985-86年冬。

シガーソン・モリソン
サイドスナップ留めの黒い革製
ニーハイブーツ、2009年。

SIMPLE SHOES　シンプルシューズ

　1991年にエリック・マイヤーによって設立された靴メーカー。華美なデザインやハイテク素材に走り過ぎた大げさなブランドシューズに対するアンチテーゼとしての靴を生産する。シンプルシューズ社は1993年に**デッカーズ**(p.70)に売却となった後、2004年にリサイクル可能なエコ素材を用いた靴づくりをはじめ、環境に優しいブランドとしてリニューアルした。現在、天然素材のみを使用したグリーントウ(2005年)、エコスニークス(2007年)およびハイエンドのプラネットウォーカーズ(2008年)のラインを展開している。

SIOUX　シオックス

　ドイツのルートヴィヒスブルグで1954年創業のヴァルハイマー・シューズ社がシオックス(訳注：ドイツでは"スー"と呼ばれる)というモカシンのブランドを設立した。同社は、この成功に続いて1957年にオートペッド、1964年にグラスホッパーを立ち上げ、1968年には年間100万もの靴を生産するまでに成長した。その後、1998年に紳士ドレスシューズで知られるアポロ社を傘下に収め、さらに2007年にはヨープ(JOOP!)ブランドの靴のライセンス製造権を取得した。

SKECHERS　スケッチャーズ

　1992年にカリフォルニア州マンハッタンビーチで創業。スケッチャーズは、ドクターマーチンのようなワークブーツやスケートボードシューズの販売会社としてスタートし、1995年からは自社ブランドのカジュアルシューズを展開している。

SOFFT　ソフトに関しては
H.H. BROWN　H・H・ブラウン(p.108)を参照。

STARLET　スターレット

　1945年にサルヴァトーレ・アナスタシオはナポリで婦人用ファッションフットウエアの製作をはじめる。1957年には5人の息子が事業に加わって工場を新設し、スターレットというブランド名で主にイタリア国内市場に向けた靴の生産を開始した。

STEPHANE KÉLIAN　ステファン・ケリアン

　アルメニア出身のステファン・クロラニアンの家族は、1920年代にフランスのロマンに移住して靴業界での仕事をはじめた。1960年に兄のジョルジュとジェラールが靴工房を開設する。1978年、ステファンが自身の名を冠した初のウィメンズコレクションを立ち上げると、アッパー部分を手作業でメッシュ状に編みこんだ上質な靴がたちまち評判となった。その後ステファン・ケリアン社は**モード・フリゾン**（p.158）、クロード・モンタナ（Claude Montana）、ジャン＝ポール・ゴルチエ（Jean Paul Gaultier）、イッセイ・ミヤケ（Issey Miyake）といったブランドの靴のライセンス生産を行った。1994年にはニューヨーク・ファッションフットウエア協会よりファッション栄誉賞を授与される。ステファンは1995年に会長職を辞任するが、コンサルタントとして会社に留任。2005年の事業清算までデザインチームとともに仕事を続けた。

STEVE MADDEN　スティーブ・マデン

　スティーブ・マデンは1990年にニューヨークのクイーンズで靴のデザインをはじめた。小売業界での経験からトレンドを予測する先見性を身につけたマデンは、1990年代初めにプラットフォームシューズ（1970年代のロックテイストの流れを受けたスタイル）を発表して大成功を収めた。1993年初頭にスティーブ・マデンの第1号店がオープンし、同年12月に株式を上場。1997年には17店舗を抱え、アパレル商品も展開するようになった。2000年、マデンは自社株の株価操作をした疑いで起訴され、懲役2年7ヵ月となる。しかし事業は堅調に発展し続けた。マデンはCEO職を辞したが、現在もスティーブ・マデン社のクリエイティブディレクターとして仕事を継続している。

STRIDE RITE　ストライドライトに関しては
COLLECTIVE BRANDS コレクティブ・ブランドを参照。

ステファン・ケリアン
甲部は白のメッシュレザーで、トウ、踵、ヒールにさし色を入れたパンプス、1980年代中頃。

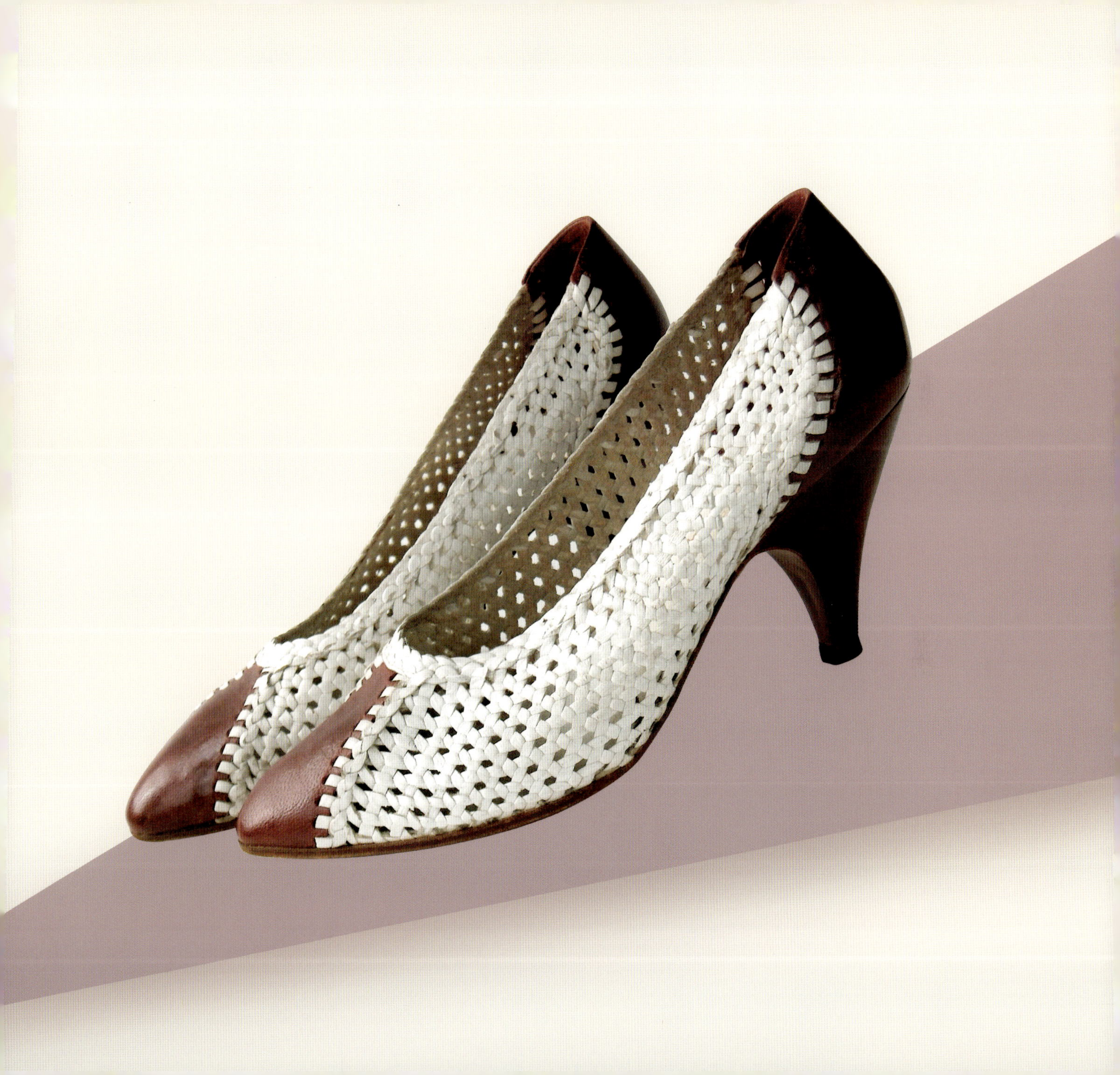

スチュアート・ワイツマン
上　黒地にラインストーンを散りばめた
イヴニングサンダル、1990年代末。

右　スチュアート・ワイツマンの広告、
1993年秋。

STUART WEITZMAN　スチュアート・ワイツマン

　1941年生まれ。スチュアート・ワイツマンは、婦人靴ブランドのミスター・シーモアを創設したシーモア・ワイツマンを父に持つ。スチュアートは、ウォートン・ビジネススクールの夏期休暇中にはすでにミスター・シーモアの靴型の裁断を行っていた。1965年、甲の先にリボン飾りをあしらったオックスフォードシューズを創作したところ、このデザインが瞬く間に人気を集めた。この年後半に父が他界すると、スチュアートが会社のデザインおよび販売部門を、兄のウォーレンが生産部門を引き継いだ。ミスター・シーモアは1971年にカレッサ社に売却となり、生産拠点をスペインに移転。スチュアートはその後もスペインで生産部門を統括し、相次いで成功を収める。例えば1982年に発表した透明アクリル樹脂製のシンデレラパンプスは7万足を超えるヒット商品となった。さらにスワロフスキーのクリスタルを散りばめたイヴニングシューズを打ち出し、**ハーマン・デルマン**(p.113)や**ハーバート・レヴィーン**(p.110)に代表される1950年代スタイルを復活させた。1986年には会社を買い戻してスチュアート・ワイツマン・アンド・カンパニーと改名。レース刺繍を施した"シアーデライト"パンプスを代表とする彼の作品はブライダルシューズ界の革新的な逸品と称され、1987年に『ブライド』誌よりアイリス賞が贈られた。1990年代には米国で直営店の展開をはじめ、1993年にルイヒールを配したパンプスとブーツ、1995年には60年代のスクエアトウのローヒールパンプスを復活させるなど、スチュアートはクラシカルな靴デザインの第一人者とされた。その後、2007年に初のバッグコレクション、2008年には子供靴のデビューコレクションを披露した。

SUSAN BENNIS　スーザン・ベニスに関しては、**WARREN EDWARDS** ウォーレン・エドワーズを参照。

スチュアート・ワイツマン
黒のレースとサテン素材の靴、
1980年代中頃。

TAJ　タージ

　インドのブランド、タージのロゴの入った靴は1960年代初めから半ばにかけて人気を博し、今なおコレクターの間で称賛を集めている。東洋の技巧を用いて米国で刺繍が施されていたと思われるが、生産メーカーは不詳である。ウェスタンスタイルの靴を扱うインドのチェーン店タージとは同名だが関連性はない。

タージ
アイボリーのシルク地に刺繍を入れたパンプス、1960年代初め。

タージ
タージの広告、1961年秋。

タマラ・ヘンリケ
トワールプリントのラバーブーツ、2004年。

TAMANO NAGASHIMA
タマノ・ナガシマ

　日本人デザイナーの永島珠野は、ハンドクラフトのウィメンズフットウエアを創作し、パリの店で販売している。組紐に代表されるような既成概念にとらわれない素材使いを特徴として、独創的なウエアラブルアートを展開する。

TAMARA HENRIQUES
タマラ・ヘンリケ

　タマラ・ヘンリケは米国版『ヴォーグ』誌で働いていた頃に訪れた香港の靴工場で、ラバーブーツにプリントを施す技術を知る。ファッションアイテムとしての可能性を確信したヘンリケは、2000年5月に花柄のウェリントンブーツを発表。まもなく自身のブランドで様々なプリントブーツを展開するとともに、トーマスピンクやポール・スミスのブーツのデザインも手がけるようになった。

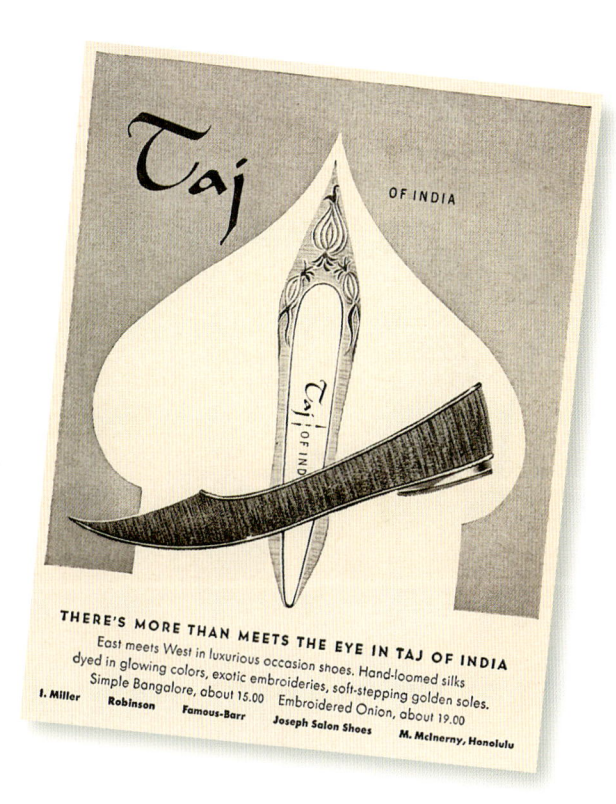

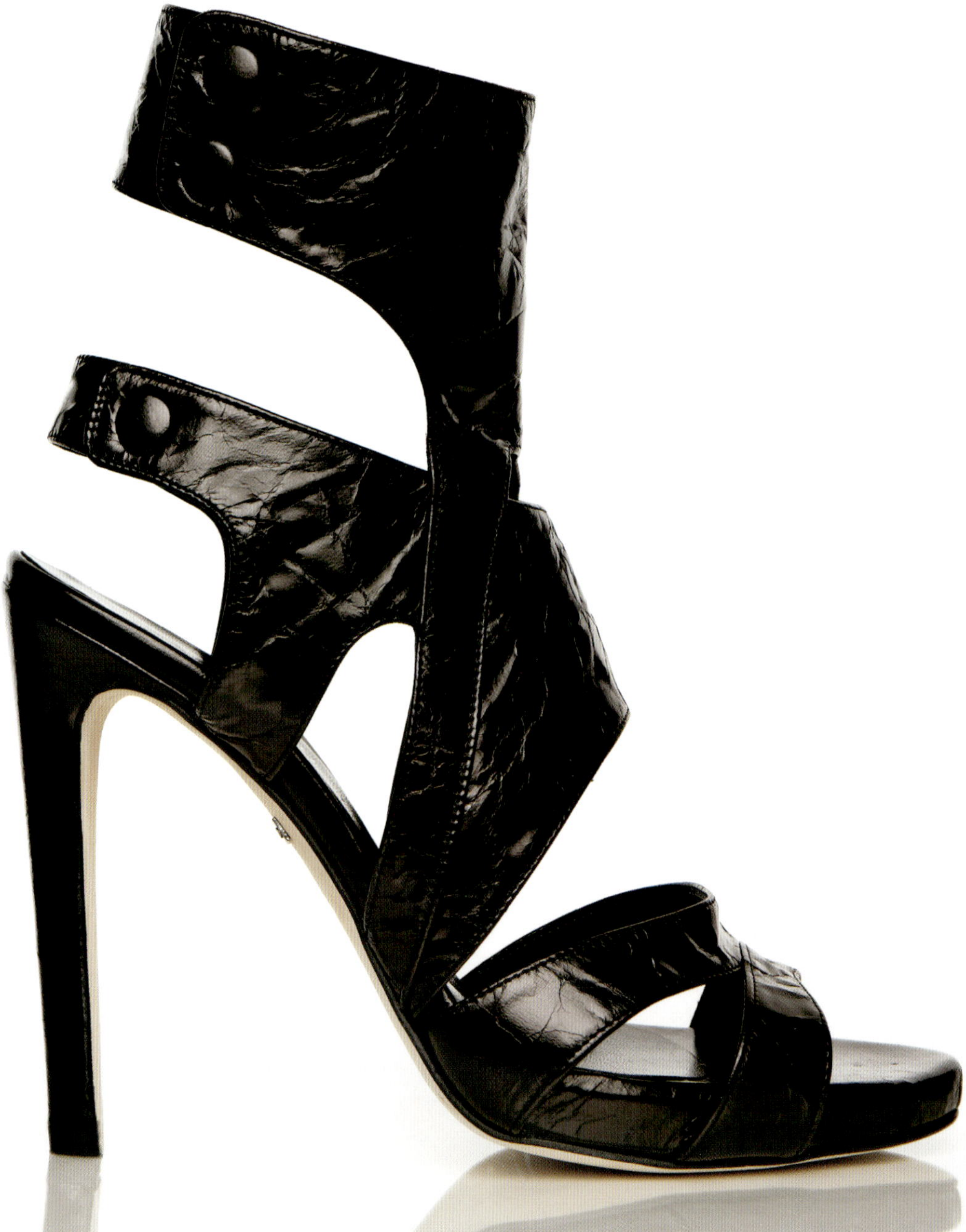

タニア・スピネッリ
ボタン付きレザー製
バイカーサンダル、2009年。

TANIA SPINELLI　タニア・スピネッリ

　米国のデザイナー、タニア・スピネッリは服の仕立て業を営むイタリア人両親のもとに生まれた。フィラデルフィア大学でファッションデザインを学んだ後、夫とともにブラジルに移住。靴職人をしていた義理の父の影響で靴のデザインに魅了される。1998年にアメリカに帰国後、スピネッリはトミー・ヒルフィガー（Tommy Hilfiger）で仕事をはじめるが、2005年2月には自身の靴ブランドを設立した。

TARYN ROSE　タリン・ローズ

　1998年に設立された整形外科医によるイタリア製フットウエアのブランド。タリン・ローズはファッション性と機能性の両方を実現した靴づくりをコンセプトとしている。2002年にメンズラインが加わり、2006年にはより若い世代をターゲットとしたタリン（Taryn）を立ち上げた。

TECNICA　テクニカ

　イタリアのテクニカ社は1971年にウィンタースポーツ用のブーツを開発。1978年に"ムーンブーツ"と呼ばれたスタイルは、伝統的なアラスカのエスキモーブーツを模した構造で左右の区別がなく、ブーツの周囲と履き口を紐で結ぶデザインで知られる。高機能ナイロン＆ラバーを用い、豊富なカラーバリエーションで展開されたムーンブーツは、1970年代末にファッションアイテムとして人気を集めた。

TENTAZIONE　テンタツィオーネ

　1975年にアレッサンドロ・ルペッティとエルネスト・トロイアーニによってイタリアのマルケ地方で設立されたメーカー。1983年以降、テンタツィオーネは若い感性にあふれたデザインを中心に展開し、植物なめしの皮革など環境に配慮した素材を用いた靴づくりを行っている。

TEODORI DIFFUSION　テオドーリ・ディッフュージョン

　1970年代初めにイタリアのポルト・サンテルピーディオで創業した靴メーカー。主に海外市場に向けて上質なファッションフットウエアを生産している。

テラ
ワークブーツをファッションアイテムとして打ち出したテラの広告、1993年秋。

テラプラナ
踵の低いブーツに
リサイクルのキルトを縫い合わせ、
天然ラテックスゴムともみ殻から成る
1枚仕立てのソールをつけた
"ジャニス"、2009年秋冬。

TERRA　テラ

　1970年代中頃にカナダのニューファンドランド、ハーバーグレースで創業。安全靴の生産を行うテラフットウエアは、1990年代の厚底靴ブームを受けてファッションフットウエアへと市場を拡大した。現在、テラは**メレル**(p.162)、ニューバランス、**クラークス**(p.63)の親会社であるJ・シーゲル・フットウエア社の傘下にある。

TERRA PLANA　テラプラナ

　環境に配慮したデザインで知られるテラプラナは、もともとは1989年にチャールズ・バーマンによって設立された。2001年に(**クラークス**〈p.63〉一族の)グラハド・クラークの手によってブランドは刷新され、2004年にプラダでデザイナーを務めたアジョイ・サフー、2005年にはアッシャー・クラークが参画した。テラプラナの靴はフェアトレードの基準に即した工房で、すべて環境に優しい素材を使って手作業でつくられている。

TERRY DE HAVILLAND　テリー・デ・ハヴィランド

　テリー・ヒギンズは1939年に生まれ、靴職人の父のもとに弟子入りする。1960年当時に生活していたイタリアでデ・ハヴィランドと改名。イングランドに帰国後、1960年代は父親とともに働き、ウィンクルピッカーと呼ばれる先のとがったメンズ＆ウィメンズのブーツを製作した。1970年に父が他界すると彼は事業を引き継ぎ、ヘビ革をはぎ合わせたプラットフォームウエッジを創作してケンジントンの**ジョニー・モーク**（p.130）のブティックで販売した。グラマラスな彼の靴は、ビアンカ・ジャガーやブリット・エクランド、シェール、アンジー・ボウイなど、当時のロック界のスターに愛用されて売上は急増する。さらに、ティム・カリーが映画『ロッキー・ホラー・ショー』(1975年)で着用した靴もデ・ハヴィランドが手がけた。プラットフォームブームが下火になると、今度はスティレットヒールの復活を仕掛けるべく、デ・ハヴィランドはまずザンドラ・ローズのファッションショー用にスパイクヒールの靴を製作した。1979年にはカミカゼシューズと銘打ったブランドを立ち上げ、ニューウェーブの流れを受

テリー・デ・ハヴィランド
グリーンのスエードとヘビ革の
プラットフォームシューズ、
1970年代中頃。

テリー・デ・ハヴィランド
テリー・デ・ハヴィランドがデザインした
ブランド、マジックシューズの黒の
プラットフォームブーツ、1990年代中頃。

けた尖ったつま先とスティレットヒールを打ち出した。このブランドが1989年に幕を閉じると、ロンドンのカムデンでマジック・シューカンパニーというブランドの靴デザインをはじめ、主にゴスやフェティッシュ系の靴を展開する。さらにファッションデザイナーのアレキサンダー・マックイーン(Alexander McQueen)やアナ・スイ(Anna Sui)の靴デザインも手がけた。デ・ハヴィランドは2001年に心臓発作で倒れた後、カムデンの店舗を閉鎖。その後は自身のルーツに立ち戻り、有名な1970年代のデザインを復刻して既製靴と注文靴の両方のラインで展開している。

TERRY DE HAVILLAND

ティエリー・ラボタン
左　スエードとマイクロファイバー素材の
アッパーとラバーウエッジのサンダル、
2010年春夏。

下　白いレザーで仕立てた
メリージェーン、2010年春夏。

THAYER McNEIL　セイヤー・マクニール

　1920年代から婦人用ファッションフットウエアを販売するチェーン店のセイヤー・マクニールがそのまま靴のブランド名となった。親会社のインターコ社（**フローシャイム**〈p.92〉やロンドンフォグも傘下に抱えた）が1996年にブランドを手放し、事業は幕を閉じた。

THIERRY RABOTIN　ティエリー・ラボタン

　フランス人デザイナーのティエリー・ラボタンは、ファッション業界での仕事を経て1978年に靴デザイナーに転身。以来、**ロベール・クレジュリー**（p.190）や**タリン・ローズ**（p.219）の靴のデザインを手がけてきた。1987年、ラボタンはジョヴァンナ・チェオリーニとカールハインツ・シュレヒトの2人と共同でティエリー・ラボタン社を設立し、履き心地を最優先に考えた靴の製作をはじめた。ラボタンの靴は、サケット製法を用いて1枚革で仕立てられている。

THOM McAN　トム・マッキャン

　1922年にメルヴィル・シューカンパニーが小売チェーンビジネスをはじめ、スコットランド人プロゴルファーのトーマス・マッキャンにちなんで店名をトム・マッキャンとした。メルヴィル社は巨大複合企業に成長し、トム・マッキャンは1950年代から1970年代には大規模な靴チェーン店となった。1990年代までにスマートステップ、ヴァンガード、ウッドブリッジシューズ、フットアクションを含む様々な靴メーカーや小売店、さらに玩具や医薬品会社までを傘下に抱える親会社となったメルヴィル社だが、1990年代半ばに靴の小売事業を売却。全ブランドはフットスター・コーポレーションのもとで再編成された。現在、トム・マッキャンの靴は小売会社のKマートで販売されている。

ティエリー・ラボタン
ベージュのレザーとスエードで仕立てた靴、2008年頃。

TIMBERLAND　ティンバーランド

ティンバーランドはアビントン・シューカンパニーのブランドとして創設され、1968年にオーナー経営者の2人の息子、シドニーとハーマンのシュワーツ兄弟が事業を引き継いだ。1973年に防水レザー製アッパーを合成ゴムのソールに一体化させたブーツを開発して大成功を収める。1978年に社名をザ・ティンバーランド・カンパニーと改め、1986年にはティンバーランド初の店舗を開設。その後、レジャーシューズ市場の飽和によって、1994年には米国内の工場の閉鎖とライセンス生産の停止を余儀なくされる。1997年、スニーカーとブーツを融合したデザインのスニーカーブーツを発表した。

ティンバーランド
ティンバーランドの広告、1989年秋。

トキオ・クマガイ
黒のスエードとゴールドのキッド革
イヴニングシューズ、1980年代中頃。

TOD'S　トッズに関しては、
DIEGO DELLA VALLE
ディエゴ・デッラ・ヴァッレを参照。

TOKIO KUMAGAI　トキオ・クマガイ

熊谷登喜夫(1947-87年)は東京の文化服装学院で学び、1970年にパリに渡ると、カステルバジャックやロディエ、ピエール・ダルビーなどのブランドの仕事を手がけた。1979年には、画家のワシリー・カンディンスキーやジャクソン・ポロック、ピエト・モンドリアンからインスピレーションを得て、ハンドペイントの靴の創作をはじめる。彼は絵柄の配置のために靴の構造を変えたこともしばしばあったという。1980年に第1号店を開いたが、その後、40才の若さでこの世を去った。

TONI SALLOUM　トニー・サロン

ブラジル人兄弟のトニー・サロンとジョージ・サロンが1969年1月に設立した靴メーカー。当初1日に生産できるメンズブーツは30足だったが、現在はメンズとウィメンズを合わせて日産2000足の生産規模におよぶ。

TONY LAMA　トニー・ラマ

イタリア系移民の両親のもとに生まれたトニー・ラマは、1911年に自身の名を冠したブーツメーカーを創業した。カウボーイの生活に憧れる都会の若者の間で牧場が人気の観光スポットとされた1930年代、ラマはそんな若者をターゲットとしたウェスタンショップにブーツを卸していた。1961年にはより大規模な生産拠点に移転したことで、1日に750足のブーツの生産が可能となった。ラマは1974年に亡くなり、事業は子供たちに継承される。1990年に**ジャスティン・ブーツカンパニー**(p.132)に売却。トニー・ラマの名前は、今なお上質なウェスタンスタイルのブーツやシューズの代名詞とされている。

TONY MORA　トニー・モラ

スペインのマヨルカでの創業は1918年に遡るが、トニー・モラ社は1980年代になってアメリカンスタイルのカウボーイブーツの生産をはじめた。

トニー・ラマ
カウボーイスタイルの
ウィメンズブーツ、2009年頃。

TOP-SIDER　トップサイダー

　デッキシューズのデザインの先駆者ポール・スペリー(1895-1982年)は、観察力の優れた船乗りでもあった。スペリーはある日、滑りやすい船のデッキ上でも愛犬が足を取られずに走りまわる姿を観察していた。彼は試行錯誤を繰り返し、1930年代のロープやラバーソールを敷いたキャンバス製デッキシューズに改良を加えた。波型に刻まれたラバーソールのデザインを完成させたスペリーは、コンバース・ラバーカンパニーと契約。1935年に安価で実用的なデッキシューズを発売した。1970年代にユニロイヤル社およびストライドライト社に買収された後も、デッキシューズは定番アイテムとして今日まで生産され続けている。

TOSCANA CALZATURE　トスカーナ・カルツァトゥーレ

　イタリアのサンミニアート近郊で1992年に創業。1997年以降、カフェノワールのブランド名でウィメンズのファッションフットウエアを生産している。2002年にはメンズラインを創設した。

TRIPPEN　トリッペン

　伝統的な靴づくりとウエアラブルアートとの境界を模索し続けていたミヒャエル・エーラーと、フリーランスのデザイナーとして様々な靴メーカーのデザインを担当していたアンジェラ・シュピーツ。2人は1992年にヴィンテージの靴型工房で出会い、これがトリッペン誕生のきっかけとなった。デビューコレクションをベルリンのアートギャラリーで開催した後、1995年にベルリンでショールーム兼ショップを開設。現在、トリッペンの取扱店は世界各国で450店にのぼり、日本各地、ケルン、ロンドン、ビルバオ、レイキャヴィクにトリッペンショップを構える。1996年にはシュトゥットガルトの国際デザインセンターからデザイン賞を授与され、トリッペンはその後も数多くの国際デザイン賞を受賞している。

トリッペン
黒いレザー製サンダルブーツ
"ゼウス"、2009年。

トリッペン

右　レザーと羽根使いの
クロッグサンダル"イビス"、2009年。

下　ビーズ付きストラップレザーの
クロッグサンダル"タンゴ"、2009年。

TWEEDIE FOOTWEAR　ツイーディフットウエア

　米国ミズーリ州ジェファーソンシティで1874年にプリスマイヤー・シューカンパニーとして創業。ジョン・ツイーディと息子のチャールズが2代続いて経営にあたった。第一次世界大戦中には、社名による偏見を避けるためにツイーディフットウエアに改名した。ゲートル（脚絆）やレギンスで知られた同社だが、中価格帯のウォーキングシューズの生産も行っていた。

UGG　アグ

　1979年創業。オーストラリアのシープスキン（羊革）ブーツを米国に輸入している（**ウォームバット**〈p.241〉を参照）。

UNIC　ユニック

　ジョセフ・フェネストリエがフランスのロマンでラバーブーツの工房として1895年に設立したユニック社は、20世紀前半に上質な紳士靴と婦人靴のメーカーとして発展した。同社はヨーロッパ、ロシア、中東の各地に販売店を展開し、デザイナーには**サルキス・デル・バリアン**（p.205）などを起用していた。第二次世界大戦中は、ウッドやラフィア、フェルトなどの代替素材を使った靴の生産に対応した。戦後、ユニック社はフェネストリエ家の経営から離れてシリウス社と合併。1969年には**シャルル・ジョルダン**（p.58）に買収される。その後、1977年に**ロベール・クレジュリー**（p.190）に経営権が渡ると、ユニック事業の再編が進められた。クレジュリーは、グッドイヤーウェルト製法のメンズシューズの生産を継続してフェネストリエのブランドで展開する一方、ウィメンズのラインはロベール・クレジュリーのブランド名でデザイン性の高い靴やブーツを生産した。

ツイーディフットウエア
ツイーディズの広告、1951年秋。

アグ
定番のシープスキン・ショートブーツ、2000年代末。

ユナイテッドヌード
ソールとインステップ部分を1片のケブラー素材から形成した、レム・コールハースによるデザインの"メビウス"、2009年。

ウニサ
ウニサの広告、1997-98年冬。

UNISA　ウニサ

1973年創業。イタリア、ブラジル、スペイン、アジアなど、多国籍のデザインチームがつくり出すウニサのウィメンズシューズ、バッグ、アクセサリーは、欧州各国、米国および環太平洋諸国で販売されている。

UNITED NUDE　ユナイテッドヌード

建築家のレム・コールハースと靴メーカー、クラークスのガラハド・クラークによって2003年に創設された。ユナイテッドヌードは建築家やデザイナーといったクリエイター達のコラボレーションによって実現されたブランドである。ロンドンのデザインスタジオと広州の生産拠点では、家具や建築などのデザインソースから着想を得た、きわめてモダンな靴やブーツの創作活動が行われている。

UNITED STATES SHOE CORPORATION
ユナイテッドステイツ・シューコーポレーション

　1920年代の経済不況の中、米国オハイオ州シンシナティの大手靴メーカー8社が合併してユナイテッドステイツ・シューコーポレーション（USSC）が設立された。靴の大量販売を核事業とした同社のブランドの中でもとくに**レッドクロス**（p.186）は好調で、国際人道機関の赤十字を連想されることからブランド名の使用が困難であったにも関わらず、1960年代に入るまで成功し続けた（米国以外ではゴールドクロスというブランド名で展開された）。USSCは1955年のジョイスシューズを皮切りに、2年後の**セルビー・シューカンパニー**（p.207）など1950年代には他の人気靴ブランドの買収に乗り出した。時期を同じくしてオリジナルブランドのコビーズやソーシャライトを創設し、1961年には12ヶ所もの工場で自社ブランドの靴を生産していた。1962年に大手輸入会社のマークス&ニューマン（1946年以来イタリア製の靴を**アマルフィ**〈p.17〉ブランドで輸入）、1965年にはテキサスブーツ社がUSSCホールディングの傘下に加わる。1970年になるとUSSCはイタリアのフィレンツェおよびスペインのアリカンテに海外拠点を構え、さらに1978年には台湾に進出した。労働コストの安い海外生産による安価な輸入靴の台頭によって、米国内での靴の生産が下降線をたどりはじめると、USSCは事業の多様化に乗り出した。1970年代にアパレルビジネスに参入し、1980年代には眼鏡小売チェーン店のレンズクラフターズを買収。唯一新たな靴ブランドとして1980年代末に立ち上げたイージースピリットは、履き心地の良いハイヒールを求める働く女性からの支持を得た。USSCは1995年に**ナインウエスト**（p.172）に売却となり、事業の大部分が閉鎖されるとともに生産拠点はブラジルに移転された。

ユナイテッドステイツ・シューコーポレーション
USSCの靴ブランド、ソーシャライトの広告、1962-63年冬。

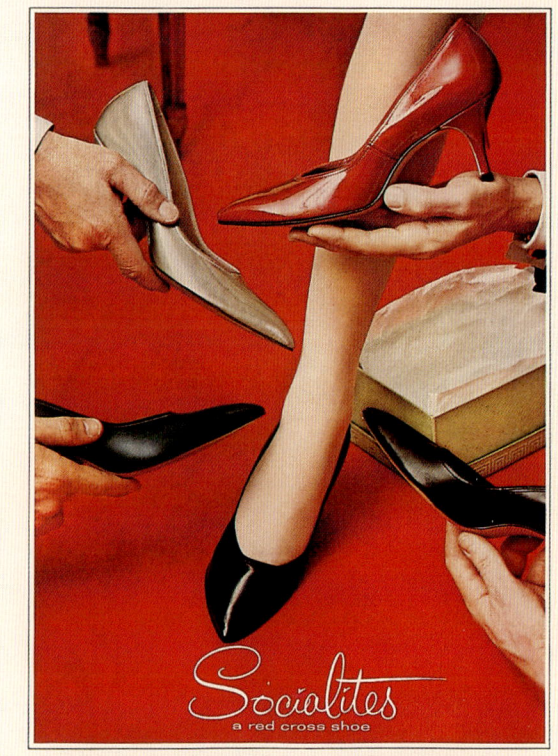

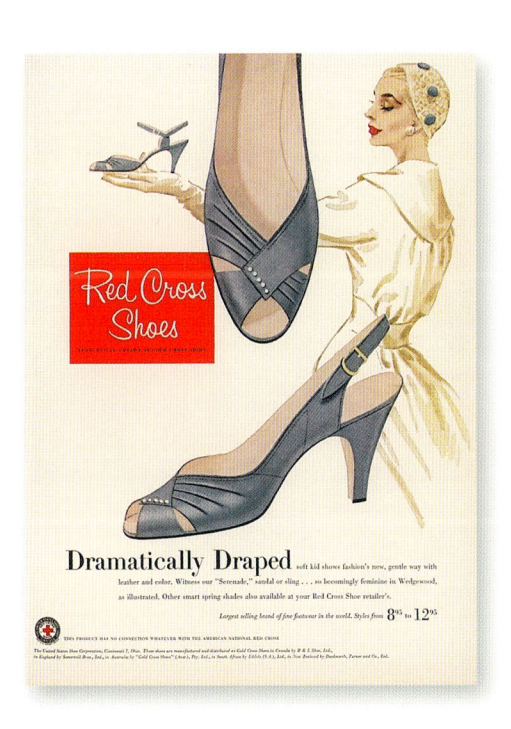

**ユナイテッドステイツ・
シューコーポレーション**

上　USSCの靴ブランド、レッドクロスの
広告、1956年春。

右　USSCの靴ブランド、ジョイスの
広告、1950年秋。

UNITED STATES SHOE CORPORATION　233

VAGABOND　ヴァガボンド

　1960年代末にスウェーデンで創業。当初はほぼ全事業がイタリアで行われていたが、1994年に本社およびデザイン拠点のすべてをスウェーデンに戻した。現在、ヴァガボンド社は年間200万の靴を生産し、およそ30カ国で展開している。

VALENTINO, MARIO　マリオ・ヴァレンティーノ

　マリオ・ヴァレンティーノの父ヴィンチェンツォは、イタリアのヴィットーリオ・エマヌエーレ2世や、パリのクラブ界で旋風を巻き起こしていたジョセフィン・ベーカーの靴も手がける靴職人だった。マリオも父に続いて靴業界に進み、1952年にナポリで製靴会社を設立した。1956年にはバッグと革小物にも商品展開を拡大。次いで1957年にニューヨークのI・ミラー(p.116)社とデザイナー契約を交わし、米国市場に向けた靴のデザインをはじめた。ヴァレンティーノはスティレットヒールや婦人用のカジュアルモカシンを普及させたことで定評がある。1960年代には、ファッション＆小物ブランドのヴァレンティノ・ガラヴァーニとの間で商標権をめぐる論争が巻き起こり、1979年になってようやく靴と革小物に対してマリオ・ヴァレンティーノが名前の使用を認められるという形で、この問題は収束した。本社をナポリに、ショールームをミラノに構えるマリオ・ヴァレンティーノ社では、現在マリオの息子のヴィンチェンツォが経営の指揮を執っている。

VIA SPIGA　ヴィアスピーガに関しては、BATTACCHI, PAOLO パオロ・バタッキを参照。

マリオ・ヴァレンティーノ
マリオ・ヴァレンティーノの靴の広告、1986年秋。

VIA UNO　ヴィアウーノ

1991年にブラジルのリオグランデ・ド・スール州ノヴァハンブルグで設立されたメーカー。ファッション性と実用性を兼ね備えた、ウィメンズのウォーキングシューズとデイリーシューズを生産している。

VICENTE REY　ビセンテ・レイ

ビセンテ・レイはスペインのガリシアで生まれた。バルセロナ・デザインスクールでは舞台用の衣装デザインを学ぶが、卒業制作で手がけたコレクションがきっかけとなって靴デザインへの関心を高める。レイはパリに移住した後に靴職人に師事して技術を磨き、1999年秋に公式には初となるウィメンズシューズのコレクションをデザインした。2002年から2003年にかけて数々の新人デザイナー賞を獲得。2004年秋に店舗を構え、2005年春にはメンズのデビューコレクションを発表した。

VITTORIO RICCI　ヴィットーリオ・リッチ

ヴィットーリオ・リッチは、1970年代末にニューヨークで高級イタリア靴の輸入ブランドとしてスタートした。1988年、シンシナティの**ユナイテッドステイツ・シューコーポレーション**(p.232)マークス&ニューマン部門がヴィットーリオ・リッチおよびディフュージョンブランドのディヴェルテンテ・スタジオを買収。その後、リッチの名は1990年にヴィットーリオ・リッチ・スタジオとして復活した。商品の投資価値を重視する消費者に合わせて、生産拠点を極東に移すことでリーズナブルな価格を提供している。

ヴィットーリオ・リッチ
ヴィットーリオ・リッチの広告、1983年春。

VOLTAN　ヴォルタン

　　ジョヴァンニ・ルイジ・ヴォルタンはヴェネツィア近郊のストラで生まれる。渡米後、ボストンにある大手靴工場の様々な部門で働き、米国式の靴の工業生産方法を学んだ。アメリカの機械設備と手法をストラに持ち帰ったヴォルタンが興した事業は、6年も経たないうちに従業員400名を抱え1日に1000足もの靴を生産する会社に成長した。以前はハンドメイドだった靴を生産工程の機械化で安価に製造できるようになったことから、ヴォルタンの事業は瞬く間に成功し、1920年代にはイタリア北部から中部にかけて35店舗を展開するまでになった。ジョヴァンニは1941年に他界するが、事業は今なお継続して中価格帯のファッションフットウエアを生産している。

ヴォルタン
下、右ページ　スタックレザーとクレープラバーソールのスリッポンと紐靴、1970年代初め。

WALK-OVER **ウォークオーバー**に関しては、
GEORGE E. KEITH ジョージ・E・キースを参照。

WALK THAT WALK **ウォーク・ザット・ウォーク**

　ニコラス・バーニーとアラン・デモアは、ニューヨーク州立ファッション工科大学で学び、広告マーケティング分野で経験を積んだ後に靴のデザインをはじめた。2003年にオリジナルブランドのウォーク・ザット・ウォークを設立。さらにキッカーズの靴デザインも手がけている。イタリアで生産される彼らの靴には、サメ革、ネオプレン、ゴム引きキャンバスといった独特な素材が用いられている。

WALTER STEIGER　ウォルター・スタイガー

　1942年にスイスのジュネーヴで生まれ、靴づくりの家系を継承して16才のときにモリナールの工房で見習いをはじめる。1962年にパリに移ると**バリー**(p.29)の靴デザインをはじめるが、その後"スウィンギン・シックスティーズ"の時流に乗ってロンドンに渡り、マリークワント(Mary Quant)の靴デザインを手がけた。1967年には自身の名をブランド名とした初コレクションを発表。このショーはとくにアメリカのメディアから好評を博し、まもなくパリの新鋭クチュリエ、エマニュエル・ウンガロ(Emanuel Ungaro)から靴デザインを依頼されることになる。

これを皮切りに、クロード・モンタナ(Claude Montana)、カール・ラガーフェルド(Karl Lagerfeld)、ケンゾー(Kenzo)、アズディン・アライア(Azzedine Alaïa)、ビル・ブラス(Bill Blass)、オスカー・デ・ラ・レンタ(Oscar de la Renta)、カルバン・クライン(Calvin Klein)など、数多くのファッションデザイナーの靴を手がけた。1973年、パリに第1号店を開き、1982年にはニューヨークに出店した。1986年以降、スタイガーは生活と仕事の場をイタリアのフェラーラに構えている。

ウォルター・スタイガー
左ページ、左　黒革の
プラットフォーム・アンクルブーツ、
2009年秋冬。

左ページ、右　スティレットヒールの
ニーハイブーツ、2009年秋冬。

右　アニマル柄のサンダル、2009年秋冬。

WALTER STEIGER　239

ヴィリー・ファン・ローイ
ヴィリー・ファン・ローイの靴の
ファッションフォト、1988年。

ウォーレン・エドワーズ
右　スーザン・ベニスと
ウォーレン・エドワーズの
靴とバッグの広告、1986年秋。

下　スーザン・ベニスと
ウォーレン・エドワーズの
靴とバッグの広告、1989年秋。

WARMBAT　ウォームバット

オーストラリア伝統のスタイルに基づいたシープスキンブーツを生産する、1969年創業のオーストラリアのメーカー。同社のブーツは、米国では輸出会社アグの名前で広く知られている。

WARREN EDWARDS
ウォーレン・エドワーズ

デザイナーのスーザン・ベニスとウォーレン・エドワーズは、1973年にニューヨークで共同経営のブティックを開き、イタリア製の紳士および婦人靴とアクセサリーでハイファッション靴市場への参入を目指した。1980年代には、パークアヴェニューの店はその独自のスタイルで注目の存在となるが、後に旗艦店を西57丁目に移転。1991年にベニスとエドワーズはロサンゼルスに2店舗目を開店した。しかし1990年代半ばには2人はパートナーを解消して別々の道を進むこととなった。

WICKED HEMP　ウィキッドヘンプ

1997年に米国ニューハンプシャーを拠点として創業。完全菜食主義者や環境に配慮する顧客層に向けたエコロジカルなカジュアルシューズを生産する。ウィキッドヘンプの靴のアッパー部分には、ヘンプ（麻）の他に再生プラスチックや木材パルプが用いられている。

WILLY VAN ROOY　ヴィリー・ファン・ローイ

ファッションモデルのヴィリー・ファン・ローイは1970年代末にフリーランスでデザインの仕事をはじめ、カール・ラガーフェルド（Karl Lagerfeld）やイヴ・サンローラン（Yves Saint Laurent）に靴やバッグのデザイン画を提供した。1983年に30才でモデルを引退すると、マドリードに移住してデザインに専念し、華麗な色彩と装飾に彩られた靴を創作した。ローイの靴は1988年に初めて米国市場に向けて輸出された。

WITTNER　ウィットナー

　1912年にH・J・ウィットナーがオーストラリアのフッツクレイで開いた家族経営の靴店は、後に50店舗を抱えるチェーン店となった。同社はウィットナーシューズの他にドクター・アーノルド・ヘルスシューズも販売し、オーストラリア初となる靴の通信販売を実施して成長した。現在は3代目の経営のもと、ウィメンズのファッションフットウエアを専門に扱い、ゾーイ・ウィットナー、ZWD、ウィットナー・イタリー、セブンスヘヴンのブランドを展開している。

WOHL　ウォールに関しては、
BROWN SHOE COMPANY
ブラウン・シューカンパニーを参照。

WOLFF SHOE COMPANY
ウォルフ・シューカンパニー

　サミュエル・ウォルフは、1918年に米国ミズーリ州フェントンでウォルフ・シューカンパニーを設立した。ウォルフはミズーリ州ワシントンで経営不振に陥っていた靴工場を1949年に買い取り、1950年からデーブシューズというブランド名で靴の生産を行った。1971年に工場を売却してブランドも閉鎖。その後1986年にウォルフシューズは小売事業のマルミを立ち上げ、コンフォートシューズブランドのベアフットオリジナルズ、インポートブランドのヴァネリおよびセスト・メウッチを展開した。

WOLVERINE　ウルヴァリン

　1883年にG・A・クラウスとおじのフレッド・ハースが製靴工具の生産会社を創業。1921年にウルヴァリン製靴および製革会社が設立された。創業者の孫にあたるアドルフ・クラウスが経営者となった1950年代末頃には、米国政府は代替素材としてピッグスキン（ブタ革）の使用を推奨していた。ちょうどその頃、**クラークス**（p.63）がカジュアルなデザートブーツを発表したことを受けて、ウルヴァリンはピッグ

ウォルフ・シューカンパニー
ウォルフ・シューカンパニーのブランド、デーブシューズの広告、1952年夏。

ウルヴァリン
右　ウルヴァリンのブランド、ハッシュパピーの靴箱、1960年頃。

下　ウルヴァリンのブランド、ハッシュパピーの広告、1998年秋。

スキンにクレープソールを配した靴を発売した。ブランドネームとなったハッシュパピー(Hush Puppies)は、ウルヴァリン社のセールスマネージャーがアメリカ南部出身の友人たちと食事中に、吠える犬(俗語で痛くなった足を意味する)に「Hush puppies(しっ、子犬たち。)」と言いながら揚げパンを与える様子を見たことがきっかけと言われている。ハッシュパピーは瞬く間に大流行し、1958年から1965年の間に売上は5倍に急増した。ウルヴァリン・ワールドワイドと社名を変更した同社は1965年に株式を上場。1970年代末になるとハッシュパピーの売上は伸び悩んだものの、1990年代半ばには明るいアイスクリーム色のカラー展開で人気が再燃した。一方ウルヴァリンは1994年にインダストリアルブーツのブランド、キャット(建設機械製造のキャタピラーに由来する)を立ち上げてワークブーツやライダーブーツの生産を開始した。2003年にカリフォルニアの**セバゴ**社(p.206)を買収。

WOLVERINE　243

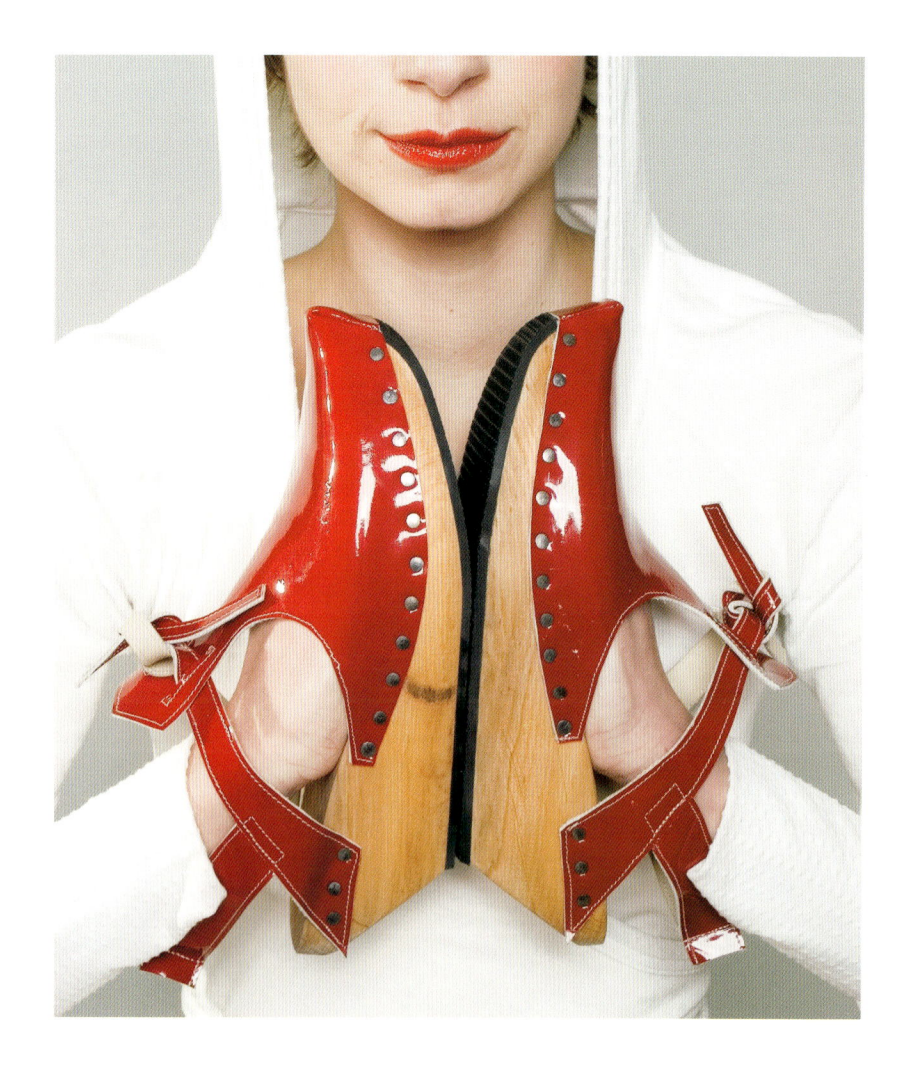

ZABOT　ザボット

　ベルリンを拠点に活動するデザイナーのジュリア・ザピンスキーは2008年にザボットを立ち上げ、現代的にアレンジした木製底のクロッグを創作している。

ザボット

左ページと右　ザボット社のクロッグのファッションフォト、2009年秋。

ZOCAL　ゾカル

　1966年にイタリアのパドヴァでアンジェロ・ゾッカラートによって設立された靴メーカー。ゾカルは、伝統的な職人技と近代的な工業生産とを組み合わせた、輸出向けの上質なウィメンズフットウエアづくりをコンセプトとした。現在は創業者の息子であるディエゴとキアラが事業を継承し、ゾカルの靴はヨーロッパ各国、日本、アメリカで販売されている。

ZODIAC　ゾディアックに関しては、**ENCORE アンコール**を参照。

GLOSSARY　靴の用語

　靴の業界で使用される用語には様々な起源がある。例えばソックやサンダルのように古代ローマの靴職人が使っていた言葉もあれば、コードウェイナー（訳注：靴屋、あるいはコードバン革靴職人の意）やミュールのように中世に遡る言葉もある。しかし、靴の業界用語のほとんどは19世紀に定義づけられたものであり、ウェリントンブーツやバルモラルブーツなど、有名な人名や地名、さらにはグッドイヤーと呼ばれる製靴機械やピネと呼ばれるヒールのスタイルなど、考案者の名に由来するものが多い。19世紀末には工業化の進展に伴い、新たな生産方式や新しい靴のパーツを示す言葉が生み出された。ヒールのついた靴をつくる際に土踏まず部分の支えとして用いる金属の芯材"シャンク"はこの一例だ。工業生産システムの普及によって大衆向けに低価格で上質な靴がつくられるようになると、消費者は多様性と斬新さという、ファッションに不可欠な要素を追い求めるようになった。必ずしも靴の業界用語に精通していないファッションエディターや広告主たちは、商品の描写やブランドの打ち出しのために新たな言葉をつくり出し、こうして生まれた新語の多くはやがて一般的に使われる用語となった。例えばスニーカーという言葉は、1890年代には10代の少年たちの間で使われた俗語だったが、1916年にケッズ（Keds）がラバーソールを配した自社のテニスシューズをスニーカーと呼んだことから、この言葉は靴の用語として米国で広く用いられるようになった。ほぼ同時期にスペクテーターシューズやメリージェーンという言葉も登場する。スペクテーターシューズは2色コンビのスポーティな靴、メリージェーンはストラップ付きのパンプスを意味する。さらに新たな素材、製法、デザインを定義する新しい表現が時代ごとに生み出されていった。その中には1950年代に生まれたスティレットヒールのように広く普及した言葉もあれば、同じく1950年代にイングランドでクレープラバーの厚底紳士靴を意味したブローセルクリーパーズのように限られた地域でしか使われなかったものもある。また1960年代には、特定のスタイルを総称する言葉としてドクターマーチンやハッシュパピーといったブランド名が使われるようにもなった。さらに最近では、ファッションエディターたちは贅沢な生活スタイルに合わせるべく、スライド、リムジンシューズ、ブールヴァードヒールなどの新たな表現を編み出している。

　モード性の高い靴といえば、奇抜なフォルムのヒールや独特な装飾に見られるように常に斬新さがつきものだ。最近のコレクションでは、デザイナーたちは過去のデザインの焼き直しではなく、際立ってモダンなスタイルを求める傾向にあり、そこには新たな定義づけが必要とされている。1990年代以降、イタリアとブラジルを除くかつての靴の製造大国では靴の生産はほぼ行われなくなり、生産拠点は東欧および東アジア諸国へと大幅にシフトした。靴産業が絶え間なく成長し変化し続ければ、靴の業界用語にも新たな製法やデザインを表す言葉が加わることになるだろう。今現在、流行りの靴を描写している表現の中には、今後何世紀にもわたって生き残るものもあれば、そのデザインが旬とされるほんのつかの間で消え去るものもあるだろう。

各部の名称

　靴は元来、ソール(靴底)とアッパー(上部全体)から構成される。ソールとアッパーの先端部分はともにトウ(つま先)と呼ばれる。トウのスタイルはすべてその形状を呼び名としているが(訳注：ラウンドトウなど)、例外として極端に先端が尖ったトウはウィンクル(食用の巻貝)の身を殻から取り出せそうに見えることから、1950年代末のイングランドで**ウィンクルピッカー**として知られるようになった。靴の底部分はヒールと**ソール**から成る。ソール部分でもっとも幅が広く、足の**ボール**(訳注：足の親指つけ根から小指のつけ根にかけてのふくらみ)下に位置する部分は**トレッド**と呼ばれる。ソール先端の磨耗を防ぐために、金属製の**セグ**と呼ばれる鋲をトウに埋め込む手法もよく使われる。足の土踏まずのアーチ下に位置する、靴幅のもっともくびれた部分は**ウエスト**と呼ばれる。ヒールのもっとも細い部分も同様にウエストである。**アッパー**とは靴やブーツの上部すべてを表し、通常はヴァンプ、クオーター、ライニングから構成される。**ヴァンプ**とはアッパーの前半分を意味し、トウとインステップ(指のつけ根あたりから足首の前側まで)を覆う部分を指す。裁断方法と縫い目の位置によってヴァンプは様々な種類に分けられる。例えば、ホールヴァンプ(アッパー全体がひと続きのスタイル)、ウィングヴァンプ(甲からソールラインにかけて両サイドで翼(ウィング)のように丸みを帯びたラインを描くスタイル)、エプロンヴァンプ(ヴァンプ上にU字型のチップが施されたもので、ローファーやスリッパ型シューズに見られるスタイル)などがある。**クオーター**とはアッパーの後ろ半分を意味し、通常はサイドシーム(横はぎ)によって区別される。インソール(中底)と混同されやすいのが、靴の専門用語で**ソック**と呼ばれる部分である。ソックとは、釘の頭や縫い目が当たらないようにインソールの上に接着されるレザーまたは布製の**ライニング**(中敷き)を指す。ヒール部分だけのヒールソック(踵敷き)や、ヒールからボールにかけての足の後ろ半分に敷かれるハーフソック(半敷き)が用いられる場合もある。通常、ソックにはロゴが印字されたり縫いつけられたりする。滑って靴が脱げないようにスエードを巻いた小さなパッドがバックシーム(履き口後ろ)上部に埋め込まれることがあるが、これはヒールグリップと呼ばれる。靴のその他のパーツには、**トップライン**と呼ばれる靴の履き口、**スロート**と呼ばれる履き口の前端などがある。スロートからインステップに伸びる部分は**タン**(舌革)と呼ばれる。

ビーズ刺繍で飾った**ウィンクルピッカーパンプス**、1960年代初め。

トレッド

ウエスト

ソック

スロート

アッパー

ヴァンプ　　クオーター

GLOSSARY 247

ヒールの種類

ヒールは、シート、ブレスト、ネック、トップリフトと呼ばれる部分から構成される。**シート**は足の踵のすぐ下に位置する部分、**ブレスト**はソール下の前側表面、**ネック**は背後から見えるヒールの首部分、**トップリフト**（または**トップピース**）はヒール先端で路面と接地する部分を指す。**スタックヒール**とは、革やゴム、レザーボードなどを何層にも積み重ねて接着剤や鋲や木釘で留めたものを言う。その他のヒールはすべてブロック状の木材やプラスチックでつくられる。

キューバンヒールとは1905年頃に初めて使われた用語であり、低めの踵でやや先細りになった幅広のヒールを指す。程よくシェイプした中程度の高さのヒールは、**フレンチ**、**ポンパドール**、**アワーグラス**、**ルイ**、**ピネ**、**スプール**ヒールなど様々な名称で呼ばれ、優雅に描く曲線と細いウエストを特徴とする。細くて高いヒールは、18世紀にはもともと**イタリアン**ヒールと呼ばれたが、1920年代にリバイバルした際には**スパニッシュ**ヒールと呼ばれるようになった。

1950年代半ばになると、技術の進歩によって金属の補強釘を入れたより細いハイヒールの製造が可能になった。このヒールは錐状の短剣に似ていることから**スティレット**と名づけられた。シャルル・ジョーダン（Charles Jordan、有名なシャルル・ジョルダン（Charles Jourdan）とは異なる）という名のフランス人シューズデザイナーが初めて金属製の補強釘をスパイクヒールの靴に用いると、まもなくサルヴァトーレ・フェラガモやロジェ・ヴィヴィエをはじめとする多くのデザイナーもこの手法を使うようになった。現在ではフェラガモとヴィヴィエの両氏はしばしばスティレットヒールの発案者と言われる。**ウエッジ**ヒールはブロックでもスタックヒールでもつくることができるが、その最大の特徴は、踵から前方に向かってウエッジと呼ばれるくさび形の底が靴のウエスト下部分を埋めつくしているため、シャンク（アーチの形状を保つためにヒール付きの靴のソールとインソールの間に挿入される金属片）が不要なことである。1950年以降には、新たなスタイルのヒールが数多く登場する。例えば1960年代には、サイドが直線的で幅広のブロックヒールが取り入れられた。

カーブを描いたネック部にスタッズを施した**スリングバックサンダル**、1950年代中頃。

スタックヒールのレザーパンプス、1970年代初め。

ルイヒールのキッドレザー＆ゴア製パンプス、1990年代初め。

スティレットヒールのメリージェーンパンプス、1980年代末。

ウエッジヒールのスエード製Tストラップパンプス、1970年代中頃。

カンチレバーヒールのレザーパンプス、1960年代初め。

248　GLOSSARY

靴の種類

広義において"靴"とは様々な構造のフットウエア(履物)を意味し、サンダル、モカシン、ミュール、クロッグも靴に含まれる。

もっとも簡素でもっとも初期の形のフットウエアが**サンダル**である。5世紀にはローマ帝国の衰退とともにサンダルもまた姿を消していった。しかし1930年代に再び表舞台に姿を現すと、デザイン性と実用性を兼ね備えるサンダルは現代の靴のワードローブに欠かせない定番として復活した。もうひとつ初期のフットウエアの形に**モカシン**がある。モカシンとは、伝統的に1枚もしくは2枚のシカ革で仕立てられた柔らかいソールの靴を指す。このスタイルはアメリカ先住民の呼び方でモカシンとして知られているが、歴史的には北欧や東欧でも似たような構造の靴が用いられていたとされる。

1930年代には、カジュアルなスリッポン式(訳注:足を滑り込ませて着脱できるタイプ)の**ローファー**と呼ばれる靴が人気を得た。ローファーとは、モカシン型の構造にアウトソールを加えた靴を指す。ローファーのディテールには、**キルティ**と呼ばれる甲に折り重なったフリンジ付きの舌革、**スナッフル**と呼ばれる金具のストラップ、**モンクストラップ**と呼ばれる甲部履き口に幅広のストラップを配して足の外側にバックル留めをつけたスタイル、あるいは**ペニーローファー**や**ペニーモカシン**(訳注:ペニーとは"銅貨"の意)の由来となった、コインを挟み込むことができるストラップなどのデザインがある。米国では、ローファーは1936年にバス(Bass)が立ち上げたブランドの**ウィージュンズ**("Norwegian〈ノルウェーの〉"から派

ブロックヒールのレザーミュール、1970年代初め。

斬新なスプリングヒールのレザーサンダル、1970年代中頃。

1990年代末には、側面はスティレットヒールのように細く、背面はブロックヒールのように幅の広いブレードヒールが登場した。やがて**カンチレバー**(片持ち梁)、**スプリング**(バネ式)、**オーブ**(球体)、**フィギュラル**(造形的)ヒールなど、数々の新しいフォルムのヒールが世に送り出されてきた。

ウエッジヒールのクロッグサンダル、1970年代初め。

スナッフル付きパテントレザーのローファー、1960年代末。

レザーのモカシン、2000年代末。

GLOSSARY 249

レザーのミュール、2000年代初め。

スエードのパンプス、1950年代末。

レザーのメリージェーンパンプスと
スリングバックパンプス、1960年代中頃。

生した)としても知られている。

　19世紀には、スリッパといえば屋内で履くウェディングシューズや舞踏靴など、きちんと仕立てられたスリッポンタイプの靴全般を意味していた。20世紀になると次第にその意味合いが変化し、1950年代には室内履きや寝室のみで履くルームシューズと同義になった。**ミュール**とは、もともとは靴の背部がない外履き用のスリッポンシューズを意味した。ミュールの語源はラテン語の"mulleus（赤みを帯びた）"であり、古代エジプトのコプト人によって赤いキッドレザーでつくられた背部のない靴がミュールと呼ばれていた。ミュールは19世紀半ばには**スリップ**、20世紀末には**スライド**とも呼ばれた。

　パンプスという言葉が最初に登場したのは16世紀イングランドだったが、それをスリッポンタイプの靴という意味で使い続けているのは米国人である。英国では19世紀に**コートシューズ**（訳注："宮廷の靴"の意)という言葉がこの意味で使われるようになった。どちらの言葉も正確な語源とその使われ方は不詳だが、コートシューズに関しては、おそらく宮中の男性がスリッポンシューズを履いていたことが由来だとされる。パンプスという言葉の由来は、おそらくフランス語の"pompier（消防士）"だと言われている。当時のパリの靴職人たちは、消防隊用に革製のバケツをつくっていたことから消防士も兼ねていたとされている。

　パンプスのスタイルの1つで、頻繁に流行の波が訪れるのが**ドルセー**パンプスだ。ドルセーとは、ヒールのついたパンプスでヴァンプとクオーターがどちらも両脇でアッパーからソールに向かって弧を描くデザインを指す。もともとは紳士用スリッパのスタイルだったが、19世紀末に婦人靴に取り入れられた。このデザインはとりわけ1930年代、1950年代および1980年代に人気を博した。**スリングバック**は足首の後ろを巻くようにストラップで固定するタイプで、1930年代末に考案されて以来その人気は継続している。平らな踵の**バレリーナ**は1940年代初頭に発表され、それ以来カジュアルウエアとして人気の波が繰り返されている。ストラップで固定するタイプの婦人靴は、英国ではバーシューズと呼ばれる。米国ではバーのことをストラップと呼ぶが、**Tストラップ**以外でストラップシューズという言葉が使われることはほとんどない。**メリージェーン**という用語は米国で1920年以降に使われ、ストラップを1本渡しただけの靴を意味する。

　アッパー部分が複数のパーツ(トウキャップ、ウィング、カウンターなど)から成り、穴飾りやときにはギンピング(縁のギザ飾り)が施された靴は**ブローグ**と呼ばれる。これと似たスタイルの**スペクテーター**は、20世紀初頭に夏のスポーツ観戦を楽しむ女性たちの間で人気となった。スペクテーターの一般的な特徴には、淡色のベースに濃色の**トウキャップ**、トウからヴァンプの両脇にかけて翼のような曲線を描く**ウィング**、さらにクオーターの補強のために貼り合わせられる**カウンター**(英国式の呼び方で、米国式ではヒールフォクシング)などがある。**サドルシューズ**とは紐締めのダービーシューズのことで、通常インステップに"サドル(馬の鞍)"形の別色の革を配した靴を意味する。サドルシューズはもともと紳士用ゴルフシューズとしてつくられたものだが、20世紀半ばには米国で男女を問わず10代の若者

250　GLOSSARY

レザーのドルセーパンプス、1970年代末。

レザーのブローグ、1960年代末。

レザーのスペクテーターシューズ、
1980年代中頃。

必携のアイテムとなった。

　紐締めの靴の構造には2種類のスタイルがある。**オックスフォード**とは、紐通し部分が甲革の内側に縫いつけられている内羽根式のことであり、**ダービー**(アメリカではブルーチャーオックスフォードと呼ばれる)とは、紐通し部分が舌革ではなく甲革の上に縫いつけられている外羽根式を指す。1790年代に靴紐が流行するとシューストリングと呼ばれるようになり、繊維が擦り切れるのを防ぐためにほぼすべての靴紐の先端には留め具がつけられた。タッセルやビーズなどの装飾的な留め具のついたものは**アグレット**と呼ばれるが、実用本位の金属やプラスチックの留め具の場合は**アグレット**または**タグ**と言われる。靴紐を通す小穴には、その形状によって様々な呼称がある。**アイレット**(鳩目)とは、金属やプラスチックの環で処理された紐穴を指し、処理されていないものは**アイホール**または**レースホール**と呼ばれる。糸でかがられた紐穴は、**ワークトアイレット**または**ステッチトレースホール**と呼ばれる。**ブラインドアイレット**とは、環が見えないように裏側で補強された紐穴を指す。アイレットやアイホールは、通常クオーターからインステップへと伸びている**アイレットタブ**(羽根部分)につけられる。ただし、クオーターから伸びた**ラチェット**と呼ばれる短いストラップに直接穴を開けてリボンや靴紐を通して結ぶ場合もある。

外羽根式レザーのダービーシューズ、
1950年代初め。

内羽根式レザーのオックスフォードシューズ、
1960年代中頃。

ラチェット付きレザーのドルセーパンプス、
1970年代中頃。

GLOSSARY　251

ブーツの種類

　履き口の高さがくるぶしの骨より上にくるフットウエアは、すべてブーツと呼ばれる。くるぶし丈のブーツは、ブーティまたは**アンクルブーツ**と呼ばれてきた。ブーツのパーツで、くるぶしより上部のふくらはぎとすねを覆う部分は、**レッグ**(脚)、**トップ**(上部)または**シャフト**(軸)と呼ばれる。古くから様々なブーツの形状に対して数多くの呼称が使われてきた。例えば、ブーツの前側を紐で編み上げる内羽根式のタイプは**バルモラル**と呼ばれる。この名称はヴィクトリア女王所有のスコットランドのバルモラル城にちなんでつけられた。一方、ブーツの前側を紐で編み上げる外羽根式のタイプは**ブルーチャー**と呼ばれる。これはワーテルローの戦いで**ウェリントン**とともにナポレオン軍を破ったプロイセンの陸軍元帥の名に由来する。ウェリントンの名もブーツの名称となっているが、こちらは紳士用プルオン式(訳注：ジッパーなどがなく履き口を引っ張って履くタイプ)のひざ下丈レザーブーツで、サイドシームがあり、履き口を水平にカットしたタイプを指す。ウェリントンブーツは19世紀初頭にはダンディなブーツの代名詞とされたが、現在では男女を問わずアウトドア仕様のゴム底ブーツを呼ぶ傾向が強い。プルオンブーツが女性のワードローブにも加えられた1920年代初めには、帝政ロシア時代のコサック騎兵にちなんで**ロシアンブーツ**と呼ばれたが、ファッションアイテムとして復活した1960年代には、単に**プルオン**または**ストレッチブーツ**とされた。**チェルシーブーツ**として知られる、くるぶしにサイドゴアがついたアンクルブーツは、1840年代に誕生してから今日にいたるまで様々な名称で呼ばれてきた。1960年代初めには、ビートルズが高めのキューバン

アンクルブーツ、1970年代末。

刺繍入りブルーチャーブーツ、
1970年代初め。

プルオンブーツ、1970年代中頃。

サテン地のジップアップブーツ、
2000年代初め。

ヒールのついたスタイルを衣装に用いたことから、**ビートルブーツ**として知られるようになった。

靴の素材

レザー（革）とは、スキン（小動物の皮）やハイド（大型の動物の皮）と呼ばれる動物の原皮になめし加工を加えたものを意味する。通常、スキンとハイドの区別ははっきりしているが、カーフスキンのように原皮の重さによって区別される場合もある。英国ではカーフスキン（仔牛の皮）とカウハイド（成牛の皮）との境界線は16 kgとされているが、重さの基準は国によって異なる。革には表面と裏面があり、もともと動物の毛やファーがついていた外側の面は**銀面**、内側の面は**床面**と呼ばれる。厚い皮を2枚以上に分割したそれぞれをスプリットと言う。なめし工程においては、植物由来（ブナやヤナギの樹皮など）または鉱物由来（クロムやアルミニウムなど）のなめし剤を用いることによって皮の腐敗を防ぐ。クロムなめし革は**ヴァイサイ**（訳注：米国製のクロムなめしを施したキッド革などの商標名）と呼ばれることもある。

スエードとは、革の銀面にサンドペーパーをかけて起毛させたものを意味する。この言葉はフランス語の"Swede"（一般的にベルベットのような感触をしたスウェーデンの革を意味する）に由来する。スエードという呼び名は20世紀前半にゆっくりと浸透していき、次第にもともとの英語名"ooze"に取って代わるようになった。**バックスキン**はスエードに似ているが、牡鹿の皮を指す用語である。また、**ヌバック**とは商標名であり、白またはクリーム色のスエードを総称してヌバックと呼ぶようになった。

パテントレザーのダービーシューズ、1980年代初め。

グラセーキッドレザーのパンプス、1980年代中頃。

ボーデッドレザーのパンプス、1950年代中頃。

18世紀末当時、革の床面に黒くニス塗りしたものは漆塗り革と呼ばれた。セス・ボイデンはこの加工法に亜麻仁油を用いて改良を加え、1818年に特許を取得。これが**パテントレザー**（エナメル革）として知られるようになった。現在、パテント仕上げには環境による変化を受けにくいPVC（ポリ塩化ビニル）塗料が使用されている。

キッドレザーは、その名称にもかかわらず成長した山羊の革を指す。仔山羊のなめし革は靴に使用するには柔らかすぎるとされる。シープスキン（羊革）もまた靴に用いるにはデリケートだが、ブーツやスリッパの内張りとして使用されることは多い。表面をつや出し加工したキッドレザーは**グラセーキッド**と呼ばれ、高級ドレスシューズに用いられる。**モロッコ**という言葉の語源は17世紀に遡り、当時はシューマックの葉でなめして赤く染まった北アフリカのゴートスキン（山羊革）を意味していた。現在では皮表面の自然な質感を生かして靴に用いられる山羊革全般を意味するようになった。クロコダイルとアリゲーターの革はどちらも靴のアッパーに適した素材である。両者の見た目は似ているが、クロコダイルの特徴として、うろこ片の中央に毛包あとの斑点がある。リザード（トカゲ革）とスネーク（ヘビ革）もデリケートだが、靴の飾りとして、あるいは内張りで補強して使われることがある。ウシ亜科の動物の革にエンボスやスタンプといった型押し加工を施し、クロコダイルのような別の革の模様に似せる手法が多用されている。これは**ボーデッドレザー**と呼ばれ、**レザーボード**（革片を接着剤で接合させたシート状の素材でスタックヒールの層をつくる際に用いられる）とは異なるため混同すべきではない。

レーヨン、セルロイド、ベークライト、ナイロンなどの合成繊維は20世紀ファッション産業に革命をもたらしたが、それらがフットウエア業界に与えた影響はさほど大きくはなかった。これに対して知名度こそ劣るが、フットウエア業界を一新させた合成素材が**ネオプレン**である。**ネオプレン**とはデュポン社の商標名であり、1931年に開発された、靴の接着だけでなく靴底としても用いられる合成ゴムの一種のポリクロロプレンを指す。1950年代には多くのサドルシューズにネオプレンのソールが採用された。一方、柔軟性と耐摩耗性に優れた**ネオライト**と呼ばれる合成樹脂は、レザーソールの代替素材としてグッドイヤータイヤ&ラバー社によって1950年頃に発表された。**コルファム**とはデュポン社の商標名であり、天然革の特徴の多くを再現した靴のアッパー用合成皮革を指す。この素材は1960年代半ばに積極的に販売促進され、1969年までに7500万におよぶコルファム製の靴が販売された。しかし消費者の反応は当初の期待にはおよばず、デュポン社は生産を中止。その後日本企業が生産権を買い取り、コルファムに改良を加えた新素材の**ウルトラスエード**を開発して1970年代のファッション業界に革命をもたらした。**ポリウレタン(PU)とポリ塩化ビニル(PVC)**は、1960年代以降に靴業界で幅広く採用された素材である。PUはモールドソールの製造に使われ、柔軟性に富み、しなやかで軽く、耐久性と防滑性に優れたソールを形成することができる。また、PUとPVCはどちらも布地のラミネート加工に使用され、様々なレザーに似せた質感をつくり出すことができる。両者は天然革と比較して必ずしも安価ではないが、大量生産できるという利点を持つ。最大の難点はどちらも通気性に欠けるために足臭の原因となり得ることだ。フットウエア業界最新の合成素材といえば**エチレン酢酸ビニル**だが、これはクロックスのサンダルに使用される発泡樹脂として知られている。

ネオプレンソールのサドルシューズ、1950年代初め。

PUまたはPVCのビニールブーツ、1960年代中頃。

PVC素材で光沢感のあるストレッチブーツ、1970年代初め。

靴の製法

靴を縫い合わせる手法には4種類ある。**ターンシュー製法**とは靴を中表にして縫い合わせた後に裏返す方法を指す。昔ながらのこの製法では柔らかい素材のソールが必要とされる。**ステッチダウン製法**は**ヴェルトショーン**(南アフリカの言葉でアウトドアシューズを意味する)とも呼ばれ、アッパーとソールを合わせて靴の外側に向け、手縫いもしくは機械縫いする方法を指す。シンプルな製法だが、縫い目から水がしみこむ場合がある。**ブレーク**または**マッケイ製法**(発案者のブレーク、資金を提供したマッケイにちなんだ呼称)は1858年に開発された製法で、ソールとアッパーを内側で出し縫いする方法を指す。**ウェルト製法**は500年以上も前に考案されたもので、アッパーとソールをそれぞれ別々の縫い方でウェルトに接合する複雑な手縫いの方法を指す。縫い目が重ならないため、この製法は耐水性に優れるという特徴を持つ。このウェルト製法を再現できる機械を1870年代に初めて開発したのがチャールズ・グッドイヤーである。

ソールとアッパーを接着剤で接合する方法は19世紀から検討されていたが、1930年代にようやく実用化され、初めて**セメント製法**と呼ばれる手法で軽量かつ柔軟性に優れたソールの婦人用ドレスシューズがつくられた。セメント製法の場合、グッドイヤーウェルト製法のように特許登録された機械や製法の使用料が発生しない。従ってこの製法はヨーロッパの製靴会社にとっては好都合だった。セメント製法の派生型として、**カリフォルニア製法**がある。インソールとアウトソールの間に厚い中物を入れるこの方法は、婦人用と子供用のカジュアルなサンダルの製法として1940年代初めに開発された。

合成プラスチックの開発により、安価なフットウエアの製造方法としてモールド製法が一般的となった。モールド製法の基本的な方法には次の3つがある。**スラッシュモールディング**とは、乾燥したプラスチック合成物質を加熱した金型に入れてジェル状になるまで溶解する方法である。**インジェクションモールディング**とは、溶解した熱可塑性プラスチックを金型に注入する射出成形を意味し、**ジェリー**と呼ばれるPVC靴の製法として使われる。**ダイレクトモールディング**とは、アッパー部分に直接PVCや合成ゴムのソールを成形しながら接合させる方法で、スポーツシューズの製法として一般的に用いられる。

カリフォルニア製法のサンダル、1950年代初め。

スラッシュモールディング製法のジェリー靴、1980年代中頃。

靴のサイズ

18世紀に衣料品の中で初めて利潤目的で生産されたのが靴だった。このように商業ベースで靴を販売できるようになった背景には、1688年にイングランドの系図学者ランドル・ホームによって開発された**靴のサイズ表示**システムの存在がある。この表示法では、足長4インチ(約101.6mm)を子供用のサイズ0と定め、そこから4分の1インチ(約6.35mm)刻みで靴のサイズを設定する。サイズが12に達すると、次は大人用のサイズ0となり、そこからまた4分の1インチごとのサイズ展開となる。この表示法にもとづいてつくられた靴は1760年代にはすでにイングランドの靴店で販売され、このシステムは現在も英国、米国およびドイツ市場で採用されている。

18世紀末にメートル法が制定されると、フランスで**パリポイント**システムが考案された。1パリポイントを3分の2cmと設定したこの表示法は、世界的にもっとも広く使われているとされる。しかし近年、**モンドポイント**と呼ばれる新たな表示法が普及しつつある。モンドポイントシステムとは、ミリ単位の数値を2つ用いて最初に足長、次に足幅の寸法を示すサイズ表示法である。

ACKNOWLEDGMENTS AND SOURCES OF ILLUSTRATIONS

This book would not have been possible without the generosity of so many companies, including designers and manufacturers, who graciously supplied advertisements, sketches or images of shoes from their archives for this publication. I especially want to thank two organizations that allowed me to use many images of shoes from their collections: The Seneca Fashion Resource Centre, Toronto, Canada, pp. 2, 18, 21, 29, 49, 159, 188–89, 197, 214, 225, 248 (carved lucite heels and suede wedge shoes), 250 (suede pumps and Mary Janes), 251 (brogues and oxford), and 253 (patent shoes and glacé pumps); and Shoe Icons, Moscow, Russia, (www.shoe-icons.com), pp. 38, 55, 73, 147, 151–52, 180, 189 and 193. Other individuals and organizations that generously allowed me to use images of shoes from their collections include Susan Langley, Syracuse, New York, USA, pp. 155 and 192 (pumps); Claus Jahnke, Vancouver, B.C., Canada, p. 183 (shoes); Ivan Sayers, Vancouver, B.C., Canada, p. 202; Peter Fox, p. 183 (boot); and The Fashion History Museum, Cambridge, Ontario, Canada, p. 193. The image on p. 115 is © Bata Shoe Museum, Toronto, Canada (2010). The image on p. 111 is courtesy of the Powerhouse Museum, Sydney, Australia © 2010, first published in *Stepping Out: Three Centuries of Shoes* (Sydney: Powerhouse Publishing, 1999). All other images are from my own collection. The photographs on the cover are taken from the following pages inside the book, 38, 39, 53, 86, 107, 114, 151, 158, 161.

Shoes A-Z

シューズ A-Z

発　　行　2011年11月1日
発 行 者　平野　陽三
発 行 元　**ガイアブックス**
　　　　　〒169-0074 東京都新宿区北新宿 3-14-8
　　　　　TEL.03 (3366) 1411　FAX.03 (3366) 3503
　　　　　http://www.gaiajapan.co.jp
発 売 元　産調出版株式会社

Copyright SUNCHOH SHUPPAN INC. JAPAN2011
ISBN978-4-88282-808-2 C0077
Printed in China

落丁本・乱丁本はお取り替えいたします。
本書を許可なく複製することは、かたくお断わりします。

著者：
ジョナサン・ウォルフォード (Jonathan Walford)
トロントのバータ靴博物館の元キュレーターであり、現在はオンタリオ州でファッション史ミュージアムのキュレーションを手がける。著書に『The Seductive Shoe』、『Forties Fashion』などがある。

翻訳：
武田 裕子 (たけだ ひろこ)
名古屋大学文学部英語学科およびニューヨーク州ファッション工科大学卒業。インポートブランドのバイヤー職を経て、現在はファッション・美容・建築分野の翻訳を行う。

First published in the United Kingdom in 2010 by Thames & Hudson Ltd,
181A High Holborn, London WC1V 7QX

Copyright © 2010 Jonathan Walford

Published by arrangement with Thames & Hudson,
London, © 2010 Jonathan Walford
This edition first published in Japan in 2011 by Sunchoh Shuppan, Tokyo.
Japanese edition © Sunchoh Shuppan